生物种业
创新能力评估

生物种业创新能力评估研究组◎著

中国农业出版社
北　京

图书在版编目（CIP）数据

生物种业创新能力评估 / 生物种业创新能力评估研究组著. -- 北京 ：中国农业出版社，2024. 6. -- ISBN 978-7-109-32030-7

Ⅰ. S330

中国国家版本馆 CIP 数据核字第 2024U2P233 号

中国农业出版社出版

地址：北京市朝阳区麦子店街 18 号楼

邮编：100125

责任编辑：郭银巧　　文字编辑：张田萌

版式设计：王　晨　　责任校对：吴丽婷

印刷：中农印务有限公司

版次：2024 年 6 月第 1 版

印次：2024 年 6 月北京第 1 次印刷

发行：新华书店北京发行所

开本：700mm×1000mm　1/16

印张：12.5

字数：162 千字

定价：128.00 元

研究组成员名单 AUTHOR LIST

顾问组

总体顾问：翟立新　杨维才

项目指导：甘　泉　田志喜

编写组

组　　长：杨艳萍

副 组 长：迟培娟　谢华玲

成　　员：（按拼音字母排名）

陈　芳　邓　磊　董　瑜　郭宇森　贺　飞

郎宇翔　李红菊　李欣岳　梁承志　刘秋月

陆　平　王　冰　王延鹏　吴　昆　吴　宁

肖　军　余　泓　张保才　赵　丽　赵　萍

赵玉胜

前 言

国以农为本，农以种为先。种业是确保粮食安全乃至国家安全的关键。党中央、国务院高度重视种业发展。2011 年以来，我国先后出台了《国务院关于加快推进现代农作物种业发展的意见》《全国现代农作物种业发展规划（2012—2020 年）》及《国务院办公厅关于深化种业体制改革提高创新能力的意见》，对现代种业创新发展做了安排和部署。近两年，我国高度重视种业振兴，在 2021 年的中央 1 号文件提出“打好种业翻身仗”，审议通过了《种业振兴行动方案》，强调将种源安全提升到关系国家安全的战略高度。

生物种业是利用各种生物技术培育生物新品种的战略性和基础性核心产业，涉及杂交育种、分子标记辅助选择育种、转基因育种、基因编辑育种、基因组选择育种和设计育种等主要生物育种技术。我国高度重视生物种业前沿科技发展，《中华人民共和国国民经济和社会发展第十四个规划和 2035 年远景目标纲要》将生物育种列入需要强化国家战略科技力量的八大前沿领域之一，以加强原创性引领性科技攻关，力保种源安全。

近年来，我国生物种业取得长足发展，良种对粮食增产贡献率已超过 45%，有力保障了国内粮食和重要农产品的稳产供给。当前，我国已进入由“吃得饱”向“吃得好”方向转变的新阶段，膳食结构不断升级，对饲料用粮、蔬菜、畜禽等的需求不断增长，粮食安全的概念正在发生深刻变化。与国际先进水平相比较，我国生物种业发展还存在短板弱项，亟待下功夫解决。例如，大豆、玉米等饲料用粮大量进口且单产水平与发达国家具有较大差距；部分优质果品、蔬菜等种源仍然依赖进口；奶牛、白羽肉鸡等畜禽核心种源仍依赖进口，生猪繁殖的效率、饲料转化率和奶牛年产奶量只有国际先进水平的80%左右。为确保粮食安全，打赢种业翻身仗，我国迫切需要通过科技创新提高生物种业的竞争力。

本书从物种、创新链和创新体系三个维度构建了分析框架和模型，围绕创新环境、创新资源和创新产出三个要素搭建了生物种业创新能力评估分析指标体系。基于项目、论文、专利、生产、消费以及贸易等多源权威数据，本研究采用文献计量、定性调研等多种情报研究方法，客观评估我国在生物种业领域创新链各环节（前育种、育种技术和品种培育）、重要物种（口粮作物、饲料粮作物、蔬菜、饲草、畜禽、水产）的科技水平以及相关创新主体的科技创新能力，研判在国际上所处的位置、存在的短板差距，特别是关键核心技术的自主可控状况。同时，本研究基于长周期多源数据分析研判了全球生物种业的发展历程以及未来趋势，梳理并剖析了我国生物种业发展现状与机遇以及面临的挑战与问题，并在此基础上提出我国生物种业相关发展对策和建议。

本书是在中国科学院发展规划局和科技部战略规划司相关项目的支持下完成，得到了中国科学院遗传与发育生物学研究所等相关专家的大力支持，在此表示衷心感谢！同时，本书以大量数据和图表系统展示了1992—2021年全球生物种业领域的发展态势与趋势，可为科学家、管理决策者、产业专家等业界相关人员全面了解生物种业领域的整体科技创新情况提供扎实依据。

著　者

2023年7月

目 录

第一章　生物种业创新能力评估方法

一、逻辑模型

基于本研究的整体逻辑模型，以及生物种业创新的特点，生物种业竞争力分析从物种、创新链和创新体系三个维度构建了分析框架和模型（图 1-1）。

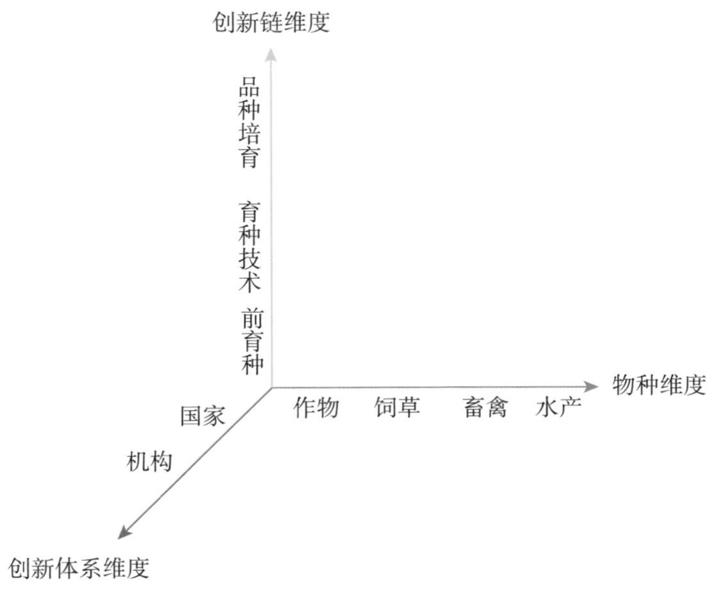

图 1-1　生物种业创新能力评估分析模型

立足国家粮食安全、国家发展、人民美好生活等方面的迫切需求与考虑，本研究重点聚焦作物、饲草、畜禽、水产等行业及其代表性品种，同时关注生物种业创新链的前育种、关键育种技术、品种与市场等环节（图 1-2）。

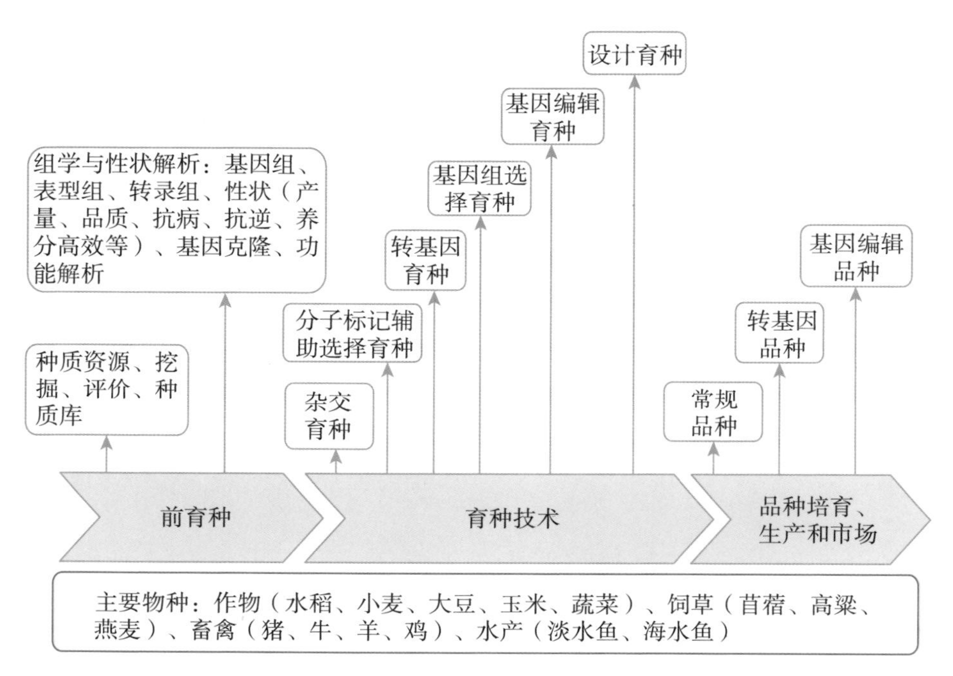

图 1-2　本研究的主要研究对象

从物种角度，本研究主要聚焦作物、饲草、畜禽和水产四大类。其中，作物包括水稻、小麦、玉米、大豆、蔬菜（大白菜、马铃薯、番茄、黄瓜）；饲草包括苜蓿、高粱、燕麦；畜禽包括猪、牛、羊、鸡；水产包括淡水鱼（青鱼、草鱼、鲢鱼、鲤鱼、鳙鱼、鲫鱼、罗非鱼、武昌鱼、河鲈鱼、虹鳟、鳜鱼、鲶鱼、大口黑鲈、黄颡鱼等）和海水鱼（鲆鱼、鲷鱼、鳕鱼、海鲈鱼、大黄鱼、黄花鱼、带鱼、大西洋鲑、金枪鱼、石斑鱼、鳗鱼、多宝鱼等）。

从育种领域创新链角度，本研究将种业科技创新分为前育种、育

种技术和品种培育等环节。其中，前育种阶段涉及种质资源评价与利用、组学与性状解析。育种技术主要关注杂交育种、分子标记辅助选择育种、转基因育种、基因编辑育种、基因组选择育种和设计育种 6 种技术。品种培育主要关注常规品种、转基因品种和基因编辑品种等的研发与商业化推广。

二、创新能力指标体系

（一）指标体系构建

本研究围绕创新环境、创新资源和创新产出三个要素，从战略规划、产业政策、经费投入、基础设施建设、基础研究、技术创新、产业化以及经济社会影响等方面构建了生物种业创新能力评估指标体系（表 1－1）。

表 1－1　生物种业创新能力评估指标体系

一级指标	二级指标	三级指标
创新环境	战略规划	种业相关战略布局、规划
	产业政策	生物技术产品监管
创新资源	经费投入	政府经费投入、企业研发投入
	基础设施	种质资源平台建设
创新产出	基础研究水平	原创性基础研究论文数量、核心论文数量等
	技术创新水平	授权专利数量、核心专利数量等
	产业化水平	常规品种、转基因产品、基因编辑产品
	经济社会影响	种子进出口贸易、农产品生产、农产品贸易

（二）相关概念的解释与说明

原创性基础研究论文：某一生物育种技术的基础原创性成果，其遴选方法参考突破性论文识别方法①并加以改进。具体而言，从某一生物育种技术相关论文中遴选出被专利引用次数和被论文引用次数排名均在前1%的论文，然后根据专家判读遴选出最重要的原创性研究作为突破性论文。每一种育种技术可能基于多个关键研究因而可能存在多篇原创性基础研究论文。

核心论文：按照被引频次排序，本研究将原创性基础研究论文排名位居前10%的论文称为核心论文集合。

核心专利：基于IncoPat数据库专利价值衡量指标，将合享价值度为10的授权专利作为核心专利。

三、数据来源与方法

本研究采用定量分析、定性调研与专家咨询相结合的研究方法，包括对生物种业领域代表性国家/地区、跨国企业的战略规划、计划项目、技术路线图、咨询报告等进行定性调研；利用文献计量分析和专利分析方法对生物种业领域的科学文献和专利进行分析，以揭示其发展态势、主要科研产出国家和地区、主要创新主体等。

本研究所采用数据包括Web of Science论文数据库和IncoPat专利数据库中生物种业相关论文和专利，联合国粮食及农业组织（FAO）、美国农业部（USDA）相关农产品生产、消费和贸易数据，经济合作与发展组织（OECD）分析报告，中国农业农村部品种审定数据，以及美国国家科学基金会和中国国家自然科学基金委员会资助的项目等。论文、专利、品种和生产贸易数据概况说明如表1-2所示。

---

① 迟培娟，丁洁兰，冷伏海，2022. 突破性论文的三元计量特征及识别研究——以生物医学领域为例. 情报学报，41（07）：663-675.

表 1-2 论文、专利、品种和生产贸易数据概况说明

项目	论文	专利	品种	生产贸易
数据来源	Web of Science 核心合集	IncoPat 数据库	农业农村部	FAO、USDA、国际种子联合会
检索策略	主题词，限定在 "ARTICLE" OR "DATA PAPER" OR "LETTER" 类型	关键词与专利分类号相结合	历年审定/登记的品种目录	按品种检索
检索时间	2022 年 2 月 1 日	2022 年 2 月 6 日	2022 年 2 月 10 日	2022 年 2 月 15 日
检索范围	1992—2021 年	1992—2021 年的授权发明专利	作物：2016—2021 年 饲草：2016—2021 年 畜禽：1999—2021 年 水产：1996—2021 年	1992—2021 年

第二章 全球生物种业发展态势分析

一、全球生物种业发展趋势

（一）生物育种科技融合迭代发展，引领生物种业新变革

全球种业经历了原始育种、传统育种和分子育种三个时代的跨越。当前，以转基因、全基因组选择、基因编辑等为代表的生物育种技术已成为国际育种的前沿和核心，正在蓬勃迅猛发展。以合成生物学、人工智能、大数据等技术融合发展为标志的现代生物育种科技革命苗头闪现，将引领生物种业发生重大变革，并深刻影响世界农业的发展格局。

1. 转基因技术是目前全球商业化应用最成功的生物育种技术

转基因作物已成为全球种子市场的主要组成部分，在71个国家/地区得到了应用，在29个国家/地区被种植。2019年，全球转基因作物的种植面积为1.904亿hm^2。排名前五位的转基因种植国家（美国、巴西、阿根廷、加拿大和印度）共种植了1.727亿hm^2转基因作物，占全球转基因作物种植面积的91%。转基因技术的受益人口超过19.5亿人，占目前世界总人口的26%①。

---

① 国际农业生物技术应用服务组织，2021.2019年全球生物技术/转基因作物商业化发展态势．中国生物工程杂志，41（01）：114-119.

近20年，中国转基因育种研究持续加强，年度论文数量不断增长。目前，转基因育种技术水平已经进入国际第二方阵的前列，初步形成了自主基因、自主技术、自主品种的创新格局，育种研发取得重大进展，实现了由跟踪国际先进水平到自主创新的跨越式转变。国产抗虫棉市场占有率从1999年的10%提升到2021年的99%。自主研发的转基因大豆、玉米性状优良，具备了与国外同类产品竞争的能力，截至2022年已分别有8个抗虫、耐除草剂转基因玉米和3个抗虫或耐除草剂转基因大豆获得生产应用安全证书。

2. 以基因编辑为代表的新型育种技术发展迅速，商业化进展不断加快

近年来，以基因编辑为代表的新型育种技术不断涌现并发展迅速，使动植物育种更加高效和精准，大大缩短育种周期。欧美国家和地区是相关新育种技术的发源地，具有较强的领先优势，Cellectis公司、Sangamo公司、加利福尼亚大学、博德研究所等机构掌握相关技术的核心专利。近20年来，美国已经从以转基因育种技术为主转向以分子标记辅助选择育种和新育种技术为主。目前，多国逐步放松对基因编辑技术产品的监管，全球已经批准多款基因编辑农产品上市销售。2019年，美国批准全球首款油酸含量高达80%的基因编辑大豆油上市销售。2021年，日本先后批准高γ-氨基丁酸（GABA）含量的基因编辑番茄、可食用肉量大幅增加的基因编辑红鲷鱼以及生长速度翻倍的基因编辑河豚等产品商业化销售；2023年，日本批准高支链淀粉基因编辑糯玉米产品商业化销售。

中国基因编辑研究起步晚，呈现明显的追赶态势，作物基因编辑领域年度论文发表数量于2017年首次超过美国，位居全球首位①。

---

① 李东巧，杨艳萍，2019. 作物基因组编辑技术国际发展态势分析. 中国科学：生命科学，49（02）：179-190.

其中，中国科学院遗传与发育生物学研究所高彩霞团队最先将基因编辑技术——规律间隔成簇短回文重复序列（Clustered Regularly Interspaced Short Palindromic Repeats - Cas9，CRISPR/Cas9）用于小麦和水稻等农作物上；中国农业大学赖锦盛教授团队研发的 Cas12i 和 Cas12j 蛋白质在 2021 年获得国家专利授权，并向美国、日本等多个国家及欧盟递交专利申请，打破了国外对该项技术的垄断。

3. 计算育种成为生物种业发展的新兴前沿，各国正在加紧前瞻布局

新一轮生物技术和信息技术深度融合，驱动现代生物育种技术快速变革迭代，成为推动现代农业产业发展的新引擎。生物育种已进入一个大数据、大平台、大发现的新时代。可以预见，生物技术结合数字技术与传感器技术将推动生物育种进入智能育种 4.0 时代，促使育种从“试验选优”向“计算选优”的根本转变，必将引领新一轮的育种技术革命。

目前，欧美等国家和地区已纷纷加强相关领域前瞻布局。美国未来几年将优先发展作物种业、畜牧业等方向，并将重点突破基因组学与精准育种等前沿技术①，以维护其全球农业领先地位。此外，美国还成立可编程植物系统研究中心，投入 2 500 万美元（约 1.7 亿元人民币），促进数字生物学新领域的发展②。2018—2021 年，日本向智能育种领域投入 11.48 亿日元（约 5 800 万元人民币），开发基因编辑和数据驱动育种的基础技术③。荷兰投入约 5 000 亿欧元（约 3.6

① National Academies of Sciences，Engineering，and Medicine，2019. Science Breakthroughs to Advance Food and Agricultural Research by 2030. Washington：The National Academies Press.

② The Cornell Chronicle，2021. $25M center will use digital tools to ‘communicate’ with plants. https://news. cornell. edu/stories/2021/09/25m - center - will - use - digital - tools - communicate - plants.

③ 内阁府，2018. 戦略的イノベーション創造プログラム（SIP）「スマートバイオ産業・農業基盤技術」研究開発計画. https://www8. cao. go. jp/cstp/gaiyo/sip/iinkai2/smartbio _ 2/shiryou1 - 2a. pdf.

亿元人民币），开展人工智能育种计划 Plant - XR，以培育适应气候变化的作物新品种①。

各大育种公司也在大力推进大数据育种。全球领先的以色列基因组大数据公司 NRGene 开发出能够分析海量基因组数据的大平台，先正达、孟山都（2018 年被拜耳并购）纷纷与其合作，以进一步提升他们在基因组筛选、性状发现以及基因组改造领域的研发能力，加快性状开发和作物育种进程。

（二）跨国企业主导全球种业市场，市场集中度进一步加强

1. 生物种业发展为高研发投入产业

在过去几十年间，全球生物种业经历了由政府机构主导向跨国企业主导的转向，并已形成了相当成熟的商业化种子市场。公共育种主要集中在种质资源收集、鉴定和品种培育等方面；在大多数情况下，品种测试被外包，商业品种授权给种子企业进行生产和销售。

随着生物技术、数字技术与种业的融合发展，生物种业成为研发密集型行业。2018 年，全球前十名的种子企业研发投入合计 40 亿美元（约 288 亿元人民币），种子企业平均研发投入约为销售额的 15%，与制药业相当②。据美国风投平台 AgFunder 统计，2021 年全球农业生物技术产业吸引了 26 亿美元（约 187 亿元元人民币）风险

---

① The Dutch Research Council，2020. Plant - XR - A new generation of intelligent breeding tools for extra resilient crops. https://www. nwo. nl/en/researchprogrammes/knowledge - and - innovation - covenant/long - term - programmes - kic - 2020 - 2023/plantxr - a - new - generation - of - intelligent - breeding - tools - for - extra - resilient - crops.

② IHS Markit Agribusiness Consulting，2019. Analysis of sales and profitability within the seed sector. https://cdn. ihsmarkit. com/www/pdf/0320/202001 - Seedsector-sale - Analysis - LD - Unknown - Version001 - pdf. pdf.

投资，资金主要流向基因编辑、合成生物学、数字基因组等领域①。

2. 生物种业市场呈现高度集中趋势

自2000年以来，国际种业竞争日益激烈，经历多次兼并后，被拜耳、科迪华、先正达、巴斯夫等大型跨国企业掌控，有效整合了种子、农用化学品和生物技术行业。2020年，全球销售额前六名的种子公司全球市场份额高达58%。其中，拜耳、科迪华以绝对优势领先，合计销售额占全球的40%②。

虽然种业总体呈现高市场集中度趋势，但是不同作物和国家的市场集中度还存在较大差异。其中，甜菜、棉花、向日葵、玉米和油菜的种子市场集中度相对较低，而马铃薯、大豆、小麦和大麦的种子市场集中度则相对较高。在生物技术领域，转基因性状的市场集中度远高于种子本身，市场几乎完全由大型跨国公司控制。

各企业对于作物种类的关注度也不尽相同。其中，拜耳、科迪华、先正达、巴斯夫、利马格兰的种业布局相对全面，包括玉米、大豆、棉花、蔬菜和花卉等种子。其余企业的综合实力虽不及上述几家公司，但也各具特色。例如，科沃施集团（简称科沃施）、丹农种子股份公司（简称丹农）和袁隆平农业高科技股份有限公司（简称隆平高科）分别在糖用甜菜、牧草和水稻种子等方面占有较高的市场份额，日本坂田种苗株式会社（简称坂田种苗）和泷井种苗株式会社（简称泷井种苗）业务分别聚焦蔬菜和花卉种子，这些企业形成了差异化的发展特色，并成为全球种业领域的中坚力量（表2-1）。

---

① AgFunder，2022. 2022 AgFunder AgriFoodTech Investment Report. https://agfunder.com/research/2022-agfunder-agrifoodtech-investment-report/.

② ETC Group，2022. Agrochemicals & commercial seeds. https://www.etcgroup.org/sites/www.etcgroup.org/files/files/01_agrochemicals.pdf.

表 2-1　2018 年全球前十一位种子企业的主要作物销售额

单位：百万美元

序号	企业	国家	玉米	大豆	棉花	蔬菜和花卉	谷物	糖用甜菜	其他
1	拜耳	德国	5 685	2 791	620	827	<500		<500
2	科迪华	美国	5 254	1 412	157		<150		863
3	先正达	中国	1 232	481		661	—		661
4	巴斯夫	德国	—	169	215	445	—	—	706
5	利马格兰	法国	134	—		807	209	0	344
6	科沃施	德国	576	—			67	562	0
7	丹农	丹麦				28		97	568
8	AgReliant 遗传学	美国	488	150					13
9	隆平高科	中国	92	—	—	43	—		406
10	坂田种苗	日本				466			
11	泷井种苗	日本				465			

数据来源：IHS Markit Agribusiness Consulting，2019。

3. 跨国种子企业向数字化业务拓展

当前，农业创新进入数字时代，数字技术为农业创新铺平了道路，使农业更智能、更高效、更加可持续化。种子部门也正在经历数字化转型。数字技术可帮助育种家从更广阔的资源中识别出最符合需求的遗传组合，大数据可以为农民提供最佳种子或作物保护产品的使用建议，从而助力动植物育种更加精准和高效。

主要跨国种子企业开始进军并投资数字农业，通过合作或并购方式加强相关领域布局，数字技术和精准农业正成为继农化行业后种子企业关注的新互补领域。例如，孟山都、先正达重视基因组大数据分析在作物育种中的应用，分别与全球领先的基因组大数据公司 NRGene 进一步加强合作，选择使用基于云计算的软件 GenoMAGIC™，以加快性状开发和作物育种的进度。自从孟山都在 2013 年以 9.3 亿美元开创性地收购气候公司 Climate 后，许多企业巨头纷纷效仿，对数字农业表现出浓厚的兴趣。此外，许多以前没有涉足粮食生产的巨头企业，如谷歌、微软、亚马逊和博世，现在已经渗透到农业领域，为农民提供各种技术工具。

二、全球生物种业市场发展现状

（一）种业市场总体概况

种业市场通常由常规种子和转基因种子两部分组成。其中，常规种子是一个全球市场，转基因种子市场在北美、南美以及亚洲的一些地区已经稳固地建立起来，但在欧洲基本上没有，消费者和监管障碍阻碍了它的采用。

2021 年，全球商业种子市场估值达到 472.42 亿美元，比 2020 年增长 7.1%①。其中，转基因种子总销售额约 218 亿美元，同比增长了 11.6%。尽管转基因种子种植面积只占作物面积的 19%，但转基因种子销售额占 2021 年商业种子市场销售额的 46%。

全球主要地区种子市场都实现了增长②。其中，北美是最大的商业种子市场，占全球市场份额的 37%，并且是增长最快的市场；其次是亚太地区（26%）、欧洲（19%）、南美（14%）以及中东和非洲（4%）。拜耳和科迪华是最活跃的种子企业，这些企业的投资主要集中在数字农业、新产品研发和基因编辑等方面。

（二）转基因作物发展情况

转基因技术成为全球采用最快的作物技术。转基因作物自 1996 年首次商业化以来，全球种植面积从 1996 年的 170 万 hm^2 增长到

---

① S & P Global Commodity Insights，2021. Seed and GM Crop Market Analysis. https://www. spglobal. com/commodityinsights/en/ci/products/crop - science - seed. html.

② 同①.

2019 年的 1.904 亿 hm^2，增长了约 112 倍①。1996—2018 年，转基因作物的经济收益达到 2 250 亿美元。其中，效益位居前六位的国家依次为美国（959 亿美元）、阿根廷（281 亿美元）、巴西（266 亿美元）、印度（243 亿美元）、中国（232 亿美元）和加拿大（97 亿美元）。

2019 年，转基因作物种植面积排名前五位的国家依次为美国（7 150万 hm^2）、巴西（5 280 万 hm^2）、阿根廷（2 400 万 hm^2）、加拿大（1 250 万 hm^2）和印度（1 190 万 hm^2）。这些国家的平均转基因作物采用率接近饱和。其中，阿根廷的转基因作物采用率最高，约为 100%（大豆、玉米、棉花和苜蓿）；美国的采用率为 95%（大豆、玉米和油菜）；巴西的采用率为 94%（大豆、玉米、棉花和甘蔗）；加拿大的采用率为 90%（油菜、大豆、玉米、甜菜、苜蓿和马铃薯）；印度的采用率为 94%（棉花）。

2019 年，全球采用率最高的转基因作物是大豆、玉米、棉花和油菜。其中，转基因大豆是种植面积最多的作物，为 9 190 万 hm^2，占全球转基因作物种植面积的 48%。

（三）基因编辑作物发展情况

目前，除了极个别上市产品，绝大部分基因编辑产品处于从基础研究到高级研发和接近商业化等不同阶段。其中，私营企业是基因编辑产品研发的重要参与者，其研发产品占据了 43%，其中 5%的产品处于商业化前阶段，49%的产品处于高级研究阶段②。私营企业主要

---

① ISAAA，2019. Biotech Crops Drive Socio - Economic Development and Sustainable Environment in the New Frontier. https://www.isaaa.org/resources/publications/briefs/55/executivesummary/default.asp.

② S&P Global Commodity Insights，2023. Gene - edited crops market growth spurred by regulatory progress and approvals. https://www.spglobal.com/commodityinsights/en/ci/research - analysis/gene - edited - crops - market - growth - spurred - by - regulatory - progress.html.

包括大型跨国种子企业和专注于基因编辑的小型企业两种类型。其中，小型基因编辑企业面临着市场占有率有限、资金和技术资源较少、研发地点和种子储存设施有限等挑战，需要与第三方合作以将其产品商业化。目前，农业基因编辑领域最活跃的企业包括科迪华、Yield10 生物科技公司、Benson Hill 公司、Arcadia 生物科技公司、Calyxt 公司和 Inari 农业公司。

基因编辑产品和性状市场竞争激烈。与转基因生物的性状开发侧重于谷物和油料作物不同，基因编辑的作物类型更加多样化，其中蔬菜约为 23%，果树为 7%，观赏植物、豆类、饲草各为 3%。其中，美国高油酸基因编辑大豆油和日本 GABA 番茄已经上市，Pairwise 公司的基因编辑绿叶蔬菜系列 Conscious™ Foods 2023 年已经进入美国市场。同时，基因编辑产品涉及生物胁迫耐受性、成分、产量、非生物胁迫耐受性、生物能源利用等多种性状改良。

目前，主要农业生产国和农产品进口国的基因编辑监管政策的协调仍将是该技术采用和成功商业化的最大挑战。其中，美国、巴西、阿根廷、巴拉圭、厄瓜多尔、哥伦比亚、以色列和智利未对基因编辑技术施加任何规定，并将通过碱基对添加或删除（称为靶向诱变和同源转基因）进行基因组修饰时的基因编辑技术等同于常规育种；加拿大、尼日利亚、俄罗斯、日本、澳大利亚、印度、巴基斯坦、菲律宾和印度尼西亚等国家对基因编辑产品的个案评估制定了明确的规则和程序，并正在考虑将靶向诱变和同源转基因获得的产品视为非转基因生物；2023 年，中国和英国均出台了新的基因编辑监管规则，为基因编辑产品的市场化铺平了道路，欧盟也正在为使用基因编辑植物制定新的监管框架。

三、全球种子贸易情况

通过进出口数据对比发现，荷兰、美国、法国、德国、意大利等

既是种子出口大国，也是种子进口大国，贸易活跃、市场开放度高。中国属于种子贸易逆差国，2019 年逆差额为 2.35 亿美元。

（一）种子进口

2019 年，全球种子进口总量为 684.2 万 t，同比增长 21.4%；进口总额为 138.6 亿美元，同比增长 6.5%。2019 年，全球大田作物、蔬菜和花卉三类种子进口量依次为 542.4 万 t、13.7 万 t 和 9 350t，同比分别增长 32.7%、5.4%和 37.5%；马铃薯和树的种子进口量依次为 12.7 万 t 和 930t，同比下降了 9.8%和 21.6%。按国家进口总量来看，2019 年，前五位国家分别为比利时、荷兰、意大利、西班牙和德国，进口量合计为 343.7 万 t，占全球进口总量的 50.2%；按国家进口总额来看，2019 年，前五位国家分别为荷兰、美国、法国、德国和意大利，进口额合计为 49.1 亿美元，占全球进口总额的 35.4%（表 2 - 2）。

表 2 - 2　2018—2019 年全球前二十位种子进口国家和地区

排名	2018 年种子进口量（t）						
	国家/地区	大田作物	花卉	马铃薯	树	蔬菜	总量
1	比利时	648 688	111	145 287	173	7 989	802 248
2	荷兰	586 097	367	108 453	118	14 093	709 128
3	意大利	338 847	38	75 444	55	5 031	419 415
4	德国	263 038	866	88 472	69	3 281	355 726
5	西班牙	254 930	224	56 587	2	3 845	315 588
6	美国	210 665	620	73 267	163	11 038	295 753
7	法国	152 271	129	27 815	132	5 633	185 980
8	波兰	151 696	342	18 465		1 653	172 156
9	埃及	2 179	11	129 780		0	131 970
10	英国	117 650	1 331	7 834		3 147	129 962
11	希腊	98 767		23 675		2 266	124 708

（续）

排名	2018年种子进口量（t）						
	国家/地区	大田作物	花卉	马铃薯	树	蔬菜	总量
12	丹麦	79 260	114	5 728	81	600	85 783
13	阿尔及利亚	1 200		79 875		548	81 623
14	俄罗斯	61 886	194	17 870		1 062	81 012
15	葡萄牙	28 538		49 342	5	782	78 667
16	中国	59 480	54		87	13 079	72 700
17	日本	66 656	74		32	4 925	71 687
18	加拿大	50 432	189	15 110	5	4 384	70 120
19	南非	69 000	2			884	69 886
20	罗马尼亚	53 139	953	7 832		1 949	63 873
	全球	4 088 014	6 801	1 408 983	1 186	130 112	5 635 096

排名	2019年种子进口量（t）							2019年进口额（百万美元）
	国家/地区	大田作物	花卉	马铃薯	树	蔬菜	总量	
1	比利时	881 478	683	160 008	186	5 390	1 047 745	621
2	荷兰	746 454	302	136 698	134	17 482	901 070	1 399
3	意大利	524 137	72	73 253	45	8 271	605 778	670
4	西班牙	372 983	367	69 628	3	3 840	446 821	629
5	德国	340 105	1 961	90 098	37	2 988	435 189	868
6	美国	205 887	612	66 169	70	11 751	284 489	1 026
7	法国	225 746	1 255	41 348	26	7 986	276 361	951
8	波兰	221 728	191	17 848		990	240 757	307
9	希腊	195 243		22 364		1 627	219 234	111
10	英国	161 637	757	6 185		2 129	170 708	285
11	丹麦	100 203	96	3 668	36	696	104 699	225
12	加拿大	78 766	356	15 000	5	4 722	98 849	320
13	阿尔及利亚	1 350		90 467		548	92 365	104

（续）

排名	国家/地区	2019年种子进口量（t）大田作物	花卉	马铃薯	树	蔬菜	总量	2019年进口额（百万美元）
14	罗马尼亚	73 531	455	12 344		1 600	87 930	248
15	奥地利	65 345	325	14 010		1 135	80 815	216
16	葡萄牙	33 473		42 365	4	775	76 617	120
17	中国	62 446	319		89	12 447	75 301	502
18	日本	65 540	169		30	5 351	71 090	320
19	俄罗斯	59 247	146	9 546		886	69 825	424
20	南非	68 550	7			353	68 910	115
	全球	5 423 723	9 350	1 270 476	930	137 189	6 841 668	13 864

数据来源：国际种子联合会（ISF）。

2019年，中国种子进口总量和进口总额依次为7.53万t和5.02亿美元，分别占全球进口总量和进口总额的1.1%和3.6%。2019年，中国种子进口总量排在全球第十七位，比2018年下降了一位；进口总额排在全球第八位，比2018年上升了一位。2019年，中国进口量排在前三位的是大田作物种子（62 446t）、蔬菜种子（12 447t）和花卉种子（319t），进口额依次为1.71亿美元、2.88亿美元和0.41亿美元，进口额分别排在全球同类作物种子的第十七位、第五位和第三位。

（二）种子出口

2019年，全球种子出口总量为725.8万t，同比增长27.6%；出口总额为143.7亿美元，同比增长4.0%。2019年，大田作物、马铃薯和花卉三类种子出口量依次为532.4万t、178.8万t和6 322t，同比分别增长36.8%、8.7%和1.1%；蔬菜和树的种子出口量依次为

13.9 万 t 和 727t，同比下降了 2.4%和 8.4%。按国家出口总量来看，2019 年种子出口量前五位国家分别为荷兰、法国、美国、波兰和丹麦，出口量合计为 333.4 万 t，约占 2019 年全球总量的 45.9%；按国家出口总额来看，2019 年前五位国家分别为荷兰、法国、美国、德国和丹麦，出口额合计为 82.2 亿美元，占全球出口总额的 57.2%（表 2-3）。

表 2-3　2018—2019 年全球前三十一位种子出口国家和地区

排名	2018 年种子出口量（t）						
	国家/地区	大田作物	花卉	马铃薯	树	蔬菜	总量
1	荷兰	137 654	1 140	918 473	87	13 249	1 070 603
2	法国	601 796	324	168 225	29	9 124	779 498
3	美国	467 877	365	19 057	235	13 209	500 743
4	加拿大	190 665		77 104	47	113	267 929
5	波兰	261 941	78	4 384		643	267 046
6	德国	137 038	470	91 275	40	1 305	230 128
7	比利时	117 314	1 383	90 820		1 570	211 087
8	丹麦	134 220	419	55 774	13	11 233	201 659
9	匈牙利	186 815			61	1 860	188 736
10	捷克	188 236	54			321	188 611
11	西班牙	171 693		8 684		1 709	182 086
12	罗马尼亚	148 410				95	148 505
13	南非	126 000		11 790	2	1 644	139 436
14	英国	15 373	206	98 985		1 452	116 016
15	斯洛伐克	106 594					106 594
16	墨西哥	92 656			73	990	93 719
17	意大利	82 562	61		38	10 342	93 003
18	奥地利	73 504		3 755		99	77 358
19	阿根廷	68 700				290	68 990
20	拉脱维亚	55 096				358	55 454

（续）

排名	2018年种子出口量（t）						
	国家/地区	大田作物	花卉	马铃薯	树	蔬菜	总量
21	立陶宛	49 305	33			568	49 906
22	巴西	46 337				110	46 447
23	瑞典	39 465	522		3	2 707	42 697
24	土耳其	19 875	2	14 031		5 089	38 997
25	印度	26 754	124	1 673		10 420	38 971
26	俄罗斯			37 709		216	37 925
27	智利	36 077	18			1 559	37 654
28	乌干达	35 000					35 000
29	塞尔维亚	34 550				141	34 691
30	希腊	29 557				108	29 665
31	中国	21 500	695	615	89	6 501	29 400
	全球	3 892 182	6 255	1 644 312	794	142 505	5 686 048

排名	2019年种子出口量（t）							2019年出口额（百万美元）
	国家/地区	大田作物	花卉	马铃薯	树	蔬菜	总量	
1	荷兰	228 947	2 181	953 792	93	12 851	1 197 864	2 990
2	法国	790 536	376	219 879	24	9 757	1 020 572	1 919
3	美国	375 261	412	29 095	192	12 660	417 620	1 803
4	波兰	348 325	221	2 893		1 564	353 003	194
5	丹麦	270 059	99	61 916	10	12 599	344 683	684
6	加拿大	239 346		69 095	40	1 057	309 538	315
7	比利时	198 108	300	105 264		1 187	304 859	242
8	德国	203 998	759	87 257	23	1 218	293 255	824
9	匈牙利	277 231				437	277 668	485
10	捷克	243 482	29			301	243 812	133
11	西班牙	203 263		34 024		1 885	239 172	320

（续）

排名	2019年种子出口量（t）							2019年出口额（百万美元）
	国家/地区	大田作物	花卉	马铃薯	树	蔬菜	总量	
12	俄罗斯	146 866		43 666		249	190 781	47
13	斯洛伐克	183 232					183 232	71
14	英国	51 227	121	101 955		1 125	154 428	164
15	罗马尼亚	146 804				161	146 965	316
16	立陶宛	141 536	41			462	142 039	56
17	意大利	117 685	89	1 727	86	10 898	130 485	475
18	奥地利	116 819		9 644		251	126 714	316
19	拉脱维亚	113 005				431	113 436	27
20	南非	98 750		10 668	13	1996	111 427	125
21	墨西哥	76 620			73	1 738	78 431	154
22	印度	62 584	150			12 593	75 327	175
23	阿根廷	61 775				290	62 065	233
24	爱沙尼亚	57 774					57 774	13
25	埃及	28 000		17 546		4 314	49 860	38
26	希腊	37 229		1 625		56	38 910	17
27	土耳其	16 755	2	14 031		7 826	38 614	90
28	巴西	38 234	4			136	38 374	133
29	新西兰	37 321			7	0	37 328	160
30	中国	30 089	810	311	93	5 245	36 548	267
31	塞尔维亚	35 000				200	35 200	46
	全球	5 323 960	6 322	1 787 802	727	139 087	7 257 898	14 370

数据来源：国际种子联合会（ISF）。

2019年，中国种子出口总量和出口总额依次为3.65万t和2.67亿美元，分别占全球出口总量和出口总额的0.5%和1.9%。2019

年，中国种子出口总量排在全球第三十位，比 2018 年上升了一位；出口总额排在全球第十三位，与 2018 年相比排位没有变化。2019 年，中国出口量排在前三位的是大田作物种子（30 089t）、蔬菜种子（5 245t）和花卉种子（810t），出口额依次为 0.8 亿美元、1.66 亿美元和 0.18 亿美元，出口额分别排在全球同类作物种子的第二十位、第五位和第六位。

第三章　全球生物种业创新链科研产出水平分析

一、生物种业总体科研产出分析

（一）论文分析

从研究论文发表数量来看，全球生物种业领域论文数量总体呈现增长趋势，主要发文国家是美国、中国、日本、印度、德国等（图3-1）。1992—2008年，美国一直是生物种业领域主要论文产出国。

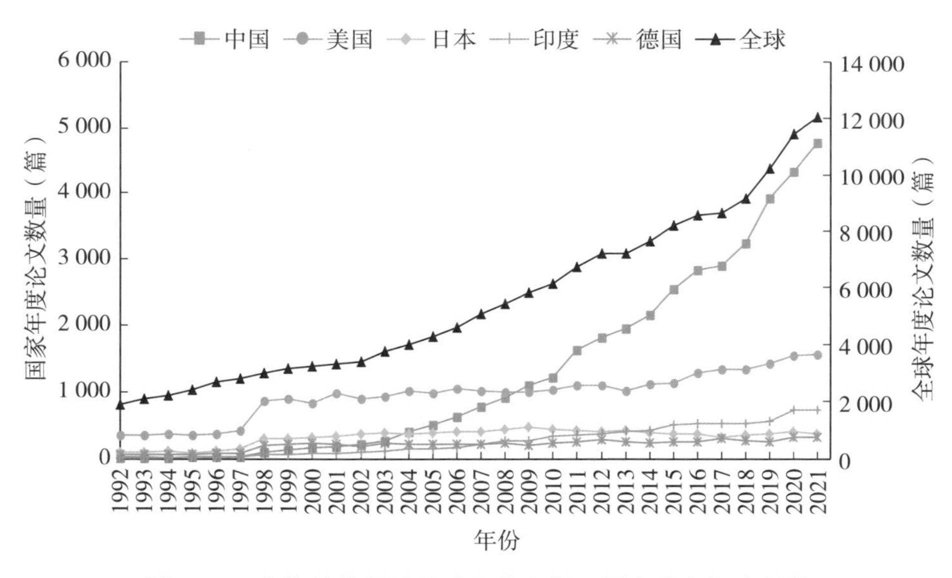

图3-1　生物种业领域全球和排名前五国家论文年度趋势

中国生物种业领域研究论文数量自2003年开始呈现快速上升趋势，2009年超过美国，2021年发文总量约为美国的3倍。截至2021年，中国是全球年度发文总量最大的国家，占全球生物种业领域年度论文总量的23.4%。

从核心论文来看（表3-1），美国表现出色，核心论文数量排名全球第一。虽然中国在生物种业领域发文总量处于全球第一位，但是核心论文数量处于第二位，仅约为美国的1/2，占据全球生物种业领域核心论文总量的13.6%。此外，中国核心论文占本国论文比例仅为5.9%，远低于美国的15.8%，说明中国虽然研究总量较大，但是在高水平研究方面还有待提高。

表3-1 生物种业领域论文数量排名前十国家及核心论文分析

排序	国家	论文数量（篇）	占种业论文总量比例（%）	核心论文数量（篇）	核心论文占本国论文比例（%）
1	中国	39 248	23.4	2 305	5.9
2	美国	28 801	17.2	4 558	15.8
3	日本	9 816	5.9	1 248	12.7
4	印度	7 980	4.8	300	3.8
5	德国	6 270	3.7	896	14.3
6	巴西	5 874	3.5	149	2.5
7	韩国	5 630	3.4	320	5.7
8	英国	5 123	3.1	974	19.0
9	加拿大	4 454	2.7	505	11.3
10	法国	4 381	2.6	696	15.9
	全球	167 433	100.0	16 962	

注：文中论文和专利数据均指1992—2021年，下同。

对生物种业领域论文数量前十机构分析发现（表3-2），中国机构占比高达70%，主要包括中国农业科学院、中国科学院、中国农业大学、南京农业大学、华中农业大学、西北农林科技大学和浙江大学。国外主要研究机构包括美国农业部、法国国家农业食品与环境研究院和印度农业研究理事会。

表 3-2 生物种业领域论文数量排名前十机构和核心论文数量排名前十机构

排序	论文数量排名前十机构			核心论文数量排名前十机构		
	机构	论文数量（篇）	占全球论文比例（%）	机构	核心论文数量（篇）	核心论文占本机构论文比例（%）
1	中国农业科学院	5 113	3.1	美国农业部	657	13.6
2	美国农业部	4 835	2.9	法国国家农业食品与环境研究院	449	17.1
3	中国科学院	2 962	1.8	中国科学院	434	14.7
4	法国国家农业食品与环境研究院	2 619	1.6	加利福尼亚大学	361	25.5
5	中国农业大学	2 566	1.5	中国农业科学院	301	5.9
6	南京农业大学	2 526	1.5	康奈尔大学	292	29.9
7	华中农业大学	2 438	1.5	华中农业大学	259	10.6
8	印度农业研究理事会	2 415	1.4	澳大利亚联邦科学与工业研究组织	199	23.9
9	西北农林科技大学	2 071	1.2	日本国家农业和食品研究组织	198	14.3
10	浙江大学	1 479	0.9	南京农业大学	187	7.4
	全球	167 433	100.0	全球	16 962	

从核心论文数量排名前十机构来看，中国和美国机构表现突出。其中，美国农业部位居全球榜首，此外还有加利福尼亚大学和康奈尔大学两家美国机构入围。中国有中国农业科学院、中国科学院、华中农业大学和南京农业大学 4 家机构入围。

从核心论文占本机构论文比例来看，法国和部分美国的研发机构核心论文占比高于 17%，其中加利福尼亚大学和康奈尔大学分别为 25.5%和 29.9%。中国大部分研发机构核心论文占比较低，不足

11%，中国科学院相对较高，为 14.7%，超过美国农业部（13.6%）。

总体而言，中国在生物种业领域起步相对滞后，但发展速度较快，目前总体产出已经处于国际领先地位，2009 年年度论文数量超过美国，2021 年年度论文数量约为美国的 3 倍；但是在核心论文方面和美国相比还有较大差距，核心论文数量仅为美国的 50%左右；从核心发文占比来看，中国科学院水平相对较高，接近美国主要研发机构，其他机构的水平远低于美国研发机构，有待于进一步提高。

（二）专利分析

对全球生物种业领域专利数量分析发现（图 3-2），全球年度专利数量总体呈现增加趋势，专利主要来自美国、中国、韩国、瑞士、加拿大等国。美国一直是生物种业领域的主要专利持有国，截至 2021 年专利总量占全球专利总量的 51.57%。中国专利总量处于全球第二的位置，是美国总量的 58.5%。中国专利数量呈现快速增长趋势，尤其是自 2010 年开始显著增加，并在 2021 年年度专利数量超过美国。

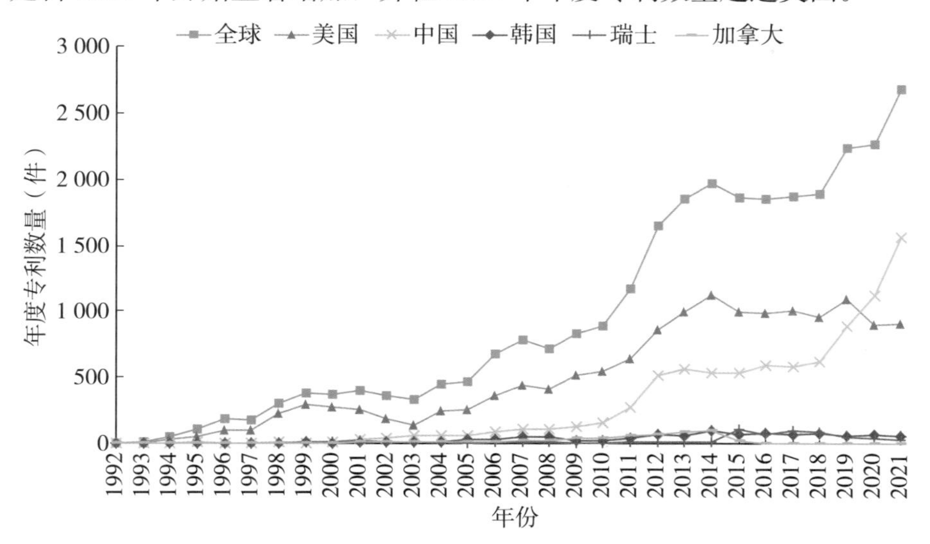

图 3-2　生物种业领域全球和排名前五国家专利年度趋势

从生物种业领域核心专利角度分析发现（表 3－3），美国总体处于领先地位，其核心专利数量占全球生物种业领域核心专利总量的 80.39％，并且占本国专利总量的比例较高，为 57.45％。中国核心专利数量较少，占全球核心专利总量的 2.93％，仅为美国的 3.6％；并且中国生物种业领域核心专利占本国专利总量的比例非常低，仅为 3.58％，和其他西方国家相比差距较大。这说明中国虽然专利总量较多，但是具有重要影响力的专利较少。

表 3－3　生物种业领域专利总量排名前十国家分析

排序	国家/地区	专利总量（件）	占全球专利总量比例（％）	专利布局广度（同族国家数均值）	核心专利数量（件）	占全球核心专利总量比例（％）	核心专利占国家专利总量比例（％）
1	美国	14 890	51.57	2.22	8 554	80.39	57.45
2	中国	8 707	30.15	1.12	312	2.93	3.58
3	韩国	1 030	3.57	1.49	147	1.38	14.27
4	瑞士	664	2.30	4.50	244	2.29	36.75
5	加拿大	551	1.91	1.92	422	3.97	76.59
6	日本	463	1.60	4.74	217	2.04	46.87
7	俄罗斯	463	1.60	1.01	3	0.03	0.65
8	荷兰	386	1.34	6.92	231	2.17	59.84
9	法国	330	1.14	3.76	129	1.21	39.09
10	德国	263	0.91	6.17	174	1.64	66.16
	全球	28 875	100.00	2.13	10 640	100.00	36.85

从生物种业专利持有机构来看（表 3－4），相关专利主要掌握在国外企业手中，进入全球专利数量前十的机构共有 5 家是企业，其专利之和占全球专利总量的 50.40％。另外 5 家机构是中国研究机构，分别是中国农业科学院、中国科学院、华中农业大学、中国农业大学和南京农业大学；其中中国农业科学院专利总数在国内机构中位居榜首，占全球专利总量的 4.12％。

表 3-4　生物种业领域专利总量排名前十机构和核心专利数量排名前十机构

排序	专利总量排名前十机构				核心专利数量排名前十机构		
	机构	专利总量（件）	占全球专利总量比例（%）	专利布局广度	机构	核心专利数量（件）	占全球核心专利总量比例（%）
1	拜耳	6 498	22.50	2.19	拜耳	4 439	41.72
2	科迪华	5 659	19.60	2.37	科迪华	2 926	27.50
3	中国农业科学院	1 190	4.12	1.06	斯泰种业	549	5.16
4	先正达	1 026	3.55	3.24	先正达	419	3.94
5	斯泰种业	793	2.75	1.01	MS 技术公司	239	2.25
6	MS 技术公司	578	2.00	1.58	Mertec 公司	156	1.47
7	中国科学院	512	1.77	1.35	巴斯夫	102	0.96
8	华中农业大学	477	1.65	1.21	中国科学院	48	0.45
9	中国农业大学	351	1.22	1.19	瑞克斯旺	45	0.42
10	南京农业大学	288	1.00	1.03	澳大利亚联邦科学与工业研究组织	45	0.42
	全球	28 875	100.00	2.13	全球	10 640	100.00

从核心专利数量排名前十的机构来看，核心专利主要掌握在国外企业手中，其中拜耳和科迪华的核心专利分别占全球生物种业相关核心专利总数的 41.72%和 27.50%，两者合计占比为 69.22%。中国仅有中国科学院入围，但核心专利占全球核心专利的比例较低，仅为 0.45%。

总体而言，无论从专利总体数量还是核心专利数量角度分析，美国在生物种业相关技术方面都处于领先地位。中国总体处于第二梯队，专利总量是美国的 58.5%，年度专利数量显著提升，2021 年已经超过美国。但是中国在核心专利数量上要远远低于美国，仅为美国的 3.6%；美国专利主要来自企业，而中国主要来自科研单位，说明中外在生物种业领域研发模式有很大不同。

二、前育种领域科研产出分析

（一）种质资源

1. 种质资源收集和保存情况

种质资源是动植物新品种选育和农业生产的基础材料。据联合国粮食及农业组织 2008 年统计数据，全球共有 740 万份种质资源及 1 750个基因库，其中大于 1 万份种质资源的基因库有 130 个。

当前，美国、中国和印度拥有世界前三大国家级作物遗传资源库，容量依次为 150 万份、150 万份和 100 万份。与 2008 年数据相比，美国、中国和印度作为资源保存量排名前三位的国家中，中国保存量增长幅度最大，达到 32.0%（表 3－5）。

表 3－5　2008 年和 2020 年部分国家基因库种质资源保存情况对比

排名	2008 年国家基因库种质资源				2020 年国家基因库种质资源				
	国家基因库	属	物种	份数	国家基因库	属	物种	份数	增长率（%）
1	美国－NPGS	2 128	11 815	508 994	美国－NPGS	2 568	16 307	600 092	17.9
2	中国－ICS，CAAS	—	—	391 919	中国－ICS，CAAS	—	—	517 299	32.0
3	印度－NBPGR	723	1 495	366 333	印度－NBPGR	—	—	458 873	25.3
4	俄罗斯－VIR	256	2 025	322 238					
5	日本－NIAS	341	1 409	243 463					
6	德国－IPK	801	3 049	148 128					
7	巴西－CENARGEN	212	670	107 246					
8	加拿大－PGRC	257	1 166	106 280					
9	埃塞俄比亚－IBC	151	324	67 554					
10	土耳其－AARI	545	2 692	54 523					
	全球	—	—	7 400 000					

数据来源：FAO，USDA，NBPGR 等。

从国家基因库来看，美国国家植物种质体系（NPGS）共保存了244科、2 568属、16 307种、600 092份资源，居世界首位。按保存单位划分，美国国家小粒禾谷类作物种质资源库保存的种质资源接近15万份、植物遗传资源保护部11万份、西部地区植物引种站10万份、中北部地区植物引种站5.5万份、水稻遗传材料中心3.8万份、大豆种质库2.3万份、棉花种质库1.1万份、玉米遗传材料中心0.85万份。

中国农业科学院作物科学研究所的作物种质资源中心长期保存总量达到517 299份，保存总量稳居世界第二位。印度国家作物遗传资源局基因库保存的各种农作物种质资源为458 873份，居世界第三位，其中，水稻种质资源超过11万份、小麦接近4万份、玉米超过1万份、高粱为2.6万份、蔬菜为2.8万份、油料为6.3万份、豆类为6.7万份。

2. 年度趋势分析

从研究论文发表情况看（图3-3），全球种质资源领域1992—2021年年度论文发表数量呈现快速增长趋势，其中美国和中国占据论

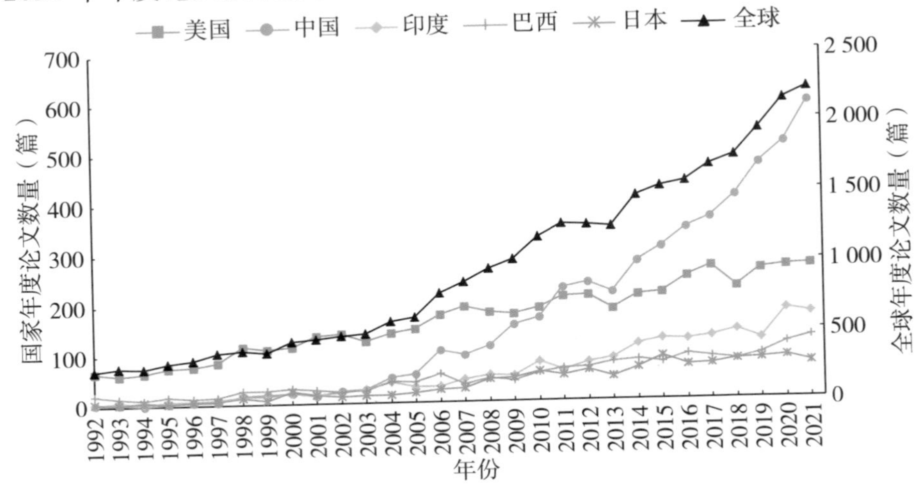

图3-3 种质资源领域全球和排名前五国家论文年度趋势

文发表数量的前二位。中国 2005 年之后年度论文发表数量呈现爆发式增长，2021 年发表数量是 2005 年的约 10 倍。中国核心论文数量排名第二，仅为美国的 45.6%，占中国发文总量的比例偏低，仅为 7.8%，而美国这一比例高达 15.6%（表 3-6）。

表 3-6　种质资源领域论文数量排名前十国家分析

排序	国家	论文数量（篇）	占全球种质资源论文总量比例（%）	核心论文数量（篇）	核心论文占本国论文比例（%）
1	美国	5 335	18.7	831	15.6
2	中国	4 887	17.1	379	7.8
3	印度	1 819	6.4	77	4.2
4	巴西	1 136	4.0	42	3.7
5	日本	1 002	3.5	89	8.9
6	西班牙	984	3.4	104	10.6
7	德国	928	3.2	146	15.7
8	韩国	897	3.1	36	4.0
9	澳大利亚	827	2.9	148	17.9
10	意大利	823	2.9	81	9.8
	全球	28 587	100.0	2 941	

3. 机构分析

从主要科研机构来看（表 3-7），全球种质资源领域论文数量排名前十机构中，中国有 6 家机构入围，分别是中国农业科学院、中国科学院、南京农业大学、中国农业大学、华中农业大学和四川农业大学。美国农业部论文总量和核心论文数量均位居全球第一位，中国农业科学院论文总量位居第二位，核心论文数量排名第四。相比而言，中国机构核心论文占比仍有待提升，排名前十的中国机构核心论文占比维持在 9.0%～17.7%，而康奈尔大学这一占比高达 42.9%。

表 3-7 种质资源领域论文数量排名前十机构和核心论文数量排名前十机构

排序	论文数量排名前十机构			核心论文数量排名前十机构		
	机构	论文数量（篇）	占种质资源论文总量比例（%）	机构	核心论文数量（篇）	核心论文占本机构论文比例（%）
1	美国农业部	1 513	5.3	美国农业部	212	14.0
2	中国农业科学院	788	2.8	法国国家农业食品与环境研究院	88	23.5
3	印度农业研究理事会	727	2.5	康奈尔大学	73	42.9
4	法国国家农业食品与环境研究院	375	1.3	中国农业科学院	71	9.0
5	国际玉米小麦改良中心	343	1.2	国际玉米小麦改良中心	69	20.1
6	中国科学院	335	1.2	加利福尼亚大学	55	29.7
7	南京农业大学	323	1.1	华中农业大学	52	17.7
8	中国农业大学	320	1.1	中国科学院	45	13.4
9	华中农业大学	293	1.0	国际水稻研究所	45	31.7
10	四川农业大学	287	1.0	伊利诺伊大学	39	22.4
	全球	28 587	100.0	全球	2 941	

总体而言，中国种质资源领域研究已经跻身国际前列，研究论文数量居世界第二，论文数量排名前十的机构中中国占据 6 个席位，中国农业科学院作物科学研究所作物种质资源中心保存的种质资源数量位于全球第二位。但值得关注的是从核心论文所占比例来看，中国论文影响力仍落后于美国、澳大利亚等发达国家，有待进一步提高。

（二）组学与性状解析

1. 年度趋势分析

从论文发表趋势来看，该领域 1992—2021 年的年度论文发表数量由 1 000 篇左右增加到超过 8 000 篇（图 3－4），说明全球对该领域基础研究持续关注。2008 年以前，美国一直保持年度论文发表数量全球第一的位置。中国的论文发表数量在 2000 年以前较低，但在 2000 年以后增长速度加快。从 2008 年开始中国超越美国，成为论文发表的第一大国，并且保持加速增长的态势。2021 年，中国的年度论文发表数量约为 2008 年的 6 倍，远高于其他国家的增长速度。全球在 2021 年共发表了 8 137 篇文章，其中 47％来自中国，排名第二的美国为 12％。由此看出，中国在组学与性状解析领域的总产出已经稳定地处于全球领跑的地位。

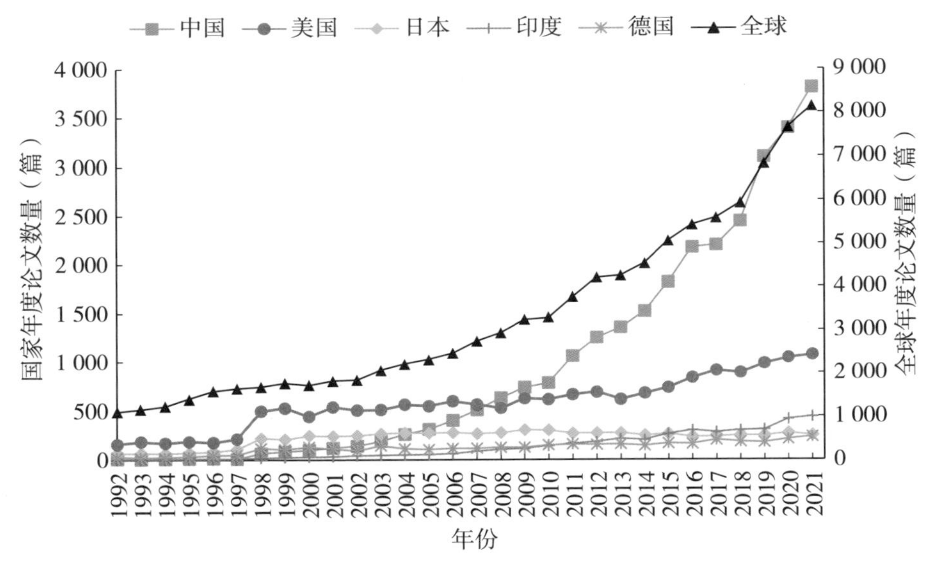

图 3－4　组学与性状解析领域全球和排名前五国家论文年度趋势

2. 国家分析

从 1992—2021 年发表论文的总量上看，中国排名第一，发表论文数量占全球的 28.7%（表 3-8）。排名第二的为美国，发表的论文数量占全球的 17.3%。从核心论文数量来看，美国最高，有 2 778 篇；中国排名第二，数量约为美国的一半（1 444 篇）。

表 3-8　组学与性状解析领域论文数量排名前十国家分析

排序	国家	论文数量（篇）	占全球组学与性状解析论文总量比例（%）	核心论文数量（篇）	核心论文占本国论文比例（%）
1	中国	28 776	28.7	1 444	5.0
2	美国	17 354	17.3	2 778	16.0
3	日本	6 693	6.7	850	12.7
4	印度	4 019	4.0	162	4.0
5	德国	3 762	3.8	532	14.1
6	韩国	3 605	3.6	192	5.3
7	英国	3 134	3.1	564	18.0
8	法国	2 834	2.8	421	14.9
9	加拿大	2 671	2.7	260	9.7
10	澳大利亚	2 544	2.5	355	14.0
	全球	100 121	100.0	10 060	

3. 机构分析

对研究机构分析发现（表 3-9），全球组学与性状解析领域论文数量排名前十的机构中有 7 家来自中国，包括中国农业科学院、中国科学院等。剩下的 3 家分别来自美国、法国和印度。其中，中国农业科学院排名第一，发表了 3 683 篇论文；美国农业部排名第二，发表了 2 867 篇论文。从核心论文数量来看，美国机构表现突出，美国农业部核心论文数量最多（398 篇），康奈尔大学核心论文占其发表论文总量的比例最高（32.5%）。中国有4家机构进入核心论文数量排名前十行列，但只有中国科学院的核心论文占比超过10%。总体而言，中国科研院校在该领域的科研产出数量高，但高质量科研产出比例与发达国家之间仍有较大差距。

表3-9 组学与性状解析领域论文数量排名前十机构和核心论文数量排名前十机构

排序	论文数量排名前十机构			核心论文数量排名前十机构		
	机构	论文数量（篇）	占组学论文总量比例（%）	机构	核心论文数量（篇）	核心论文占本机构论文比例（%）
1	中国农业科学院	3 683	3.7	美国农业部	398	13.9
2	美国农业部	2 867	2.9	中国科学院	294	13.8
3	中国科学院	2 137	2.1	法国国家农业食品与环境研究院	273	15.7
4	南京农业大学	1 979	2.0	康奈尔大学	230	32.5
5	中国农业大学	1 862	1.9	加利福尼亚大学	221	22.8
6	华中农业大学	1 843	1.8	中国农业科学院	180	4.9
7	法国国家农业食品与环境研究院	1 738	1.7	华中农业大学	173	9.4
8	西北农林科技大学	1 339	1.3	日本国家农业和食品研究组织	154	15.4
9	印度农业研究理事会	1 235	1.2	南京农业大学	127	6.4
10	四川农业大学	1 054	1.1	澳大利亚联邦科学与工业研究组织	121	22.3
	全球	100 121	100.0	全球	10 060	

总体而言，中国组学与性状解析领域科研产出居全球首位且保持持续增长的态势，论文总量是美国的 1.7 倍，但是核心论文比例较低，整体科研水平有待于进一步提升。美国的核心论文数量和比例都高于中国，分别是中国的 1.9 倍和 3.2 倍。

三、育种技术科研产出分析

（一）总体概况分析

1. 年度趋势分析

1992—2021 年，育种技术领域发展呈现出快速稳步增长的趋势（图 3－5），尤其是中国，2003 年以后有了突飞猛进的发展，而其他各国呈现出了缓慢增长的趋势。目前，中国在育种技术领域论文总量已经达到了国际领先的水平，年度论文数量在 2008 年首次超过美国，排名全球第一，随后论文数量与美国的差距逐渐拉大。中国与美国在论文总量上分列第一位与第二位。

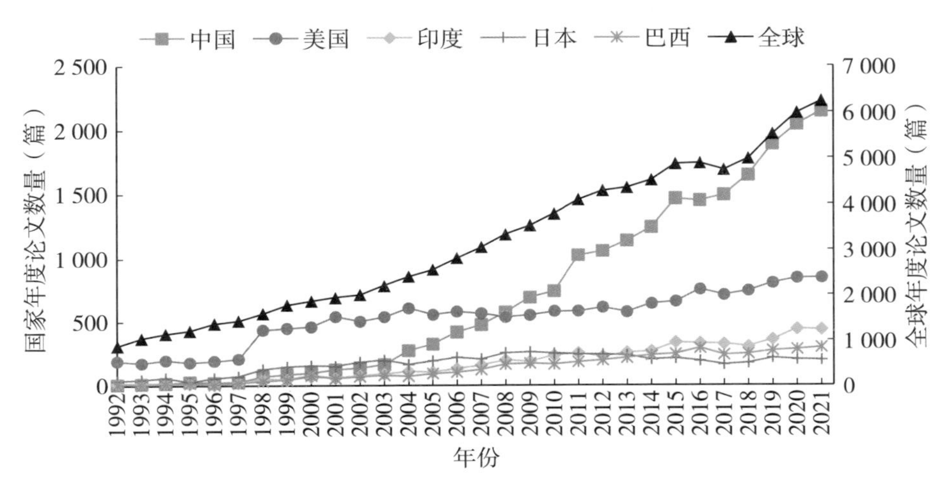

图 3－5 育种技术领域全球和排名前五国家论文年度趋势

通过对六大育种技术的年度论文趋势进行分析发现（图 3－6），

杂交育种、分子标记辅助选择育种和转基因育种发展时期较早，基因编辑育种、基因组选择育种和设计育种是近些年发展的新型技术。其中，杂交育种整体发展较为成熟，在1992—2021年年度论文比例呈现下降趋势。转基因育种比例近年呈现下降趋势。基因编辑育种、基因组育种和设计育种论文比例逐年上升，说明是处于新生阶段，还未成熟，将是国际竞争的前沿热点。

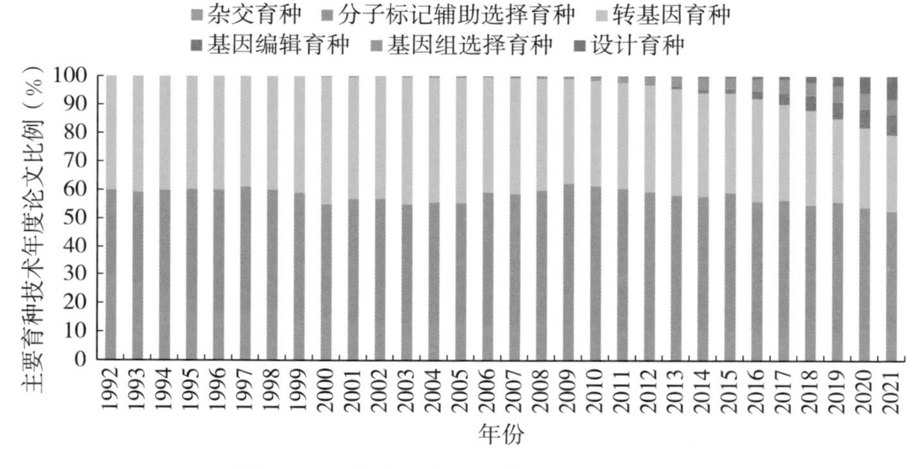

图3-6　全球六大育种技术的论文趋势

通过对比中国和美国六大育种技术论文趋势发现（图3-7、图3-8），中国在相关领域起步相对滞后于美国，如相对发展较早的杂交育种、分子标记辅助选择育种和转基因育种技术，中国到2003年以后才有了较大的发展，而美国在2000年左右已经比较成熟稳定。对于基因编辑育种、基因组选择育种和设计育种，中国也分别比美国滞后3～4年。但是，除基因组选择育种技术外，中国在其他5个生物育种领域发展速度较快，目前论文总量都超过美国，但基因组选择育种目前仍落后于美国。

通过对上述育种技术中的原创论文来源国分析发现（图3-9），这些技术主要来自美国，此外少量来自加拿大、荷兰、德国、比利

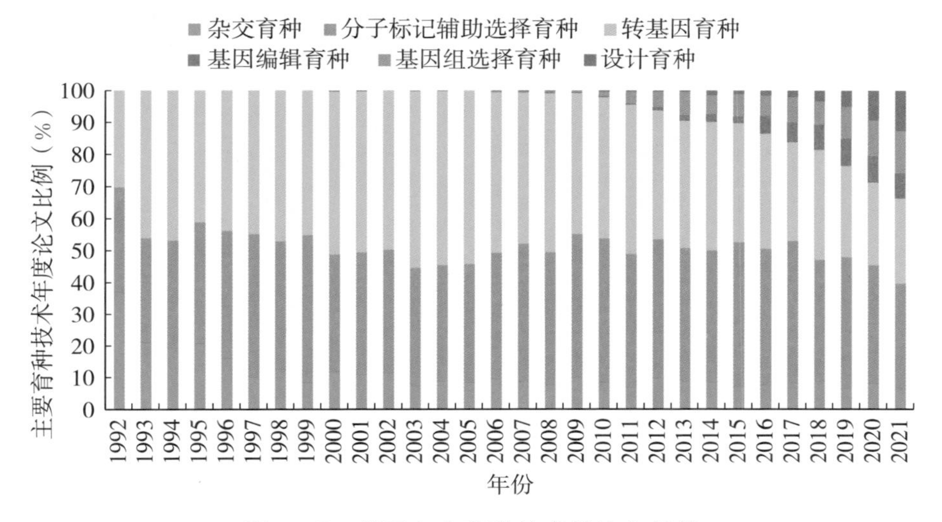

图 3－7 美国六大育种技术的论文趋势

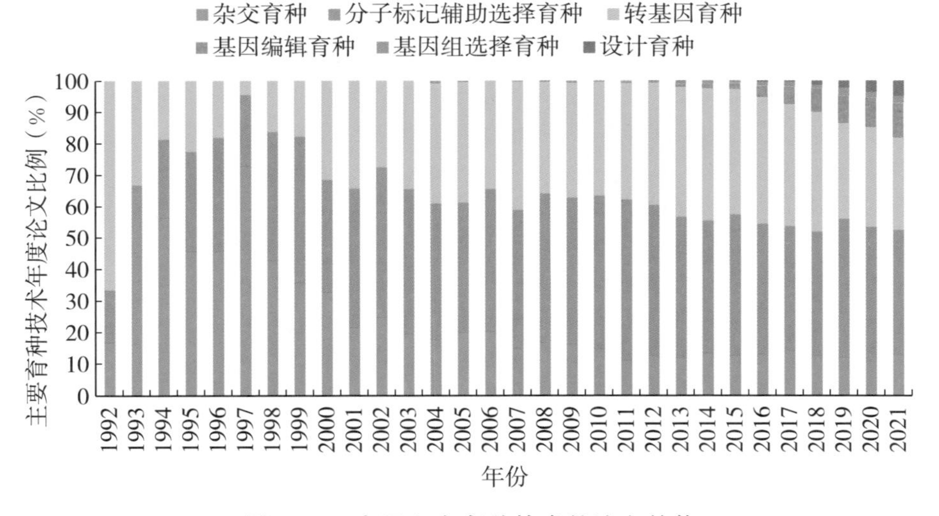

图 3－8 中国六大育种技术的论文趋势

时、英国、澳大利亚和日本，中国没有相关原创技术产出。在这些论文中，企业也是重要的创新主体，约有 38％的原创性论文来自企业，说明部分企业已经在生物种业全创新链中发挥了重要作用。

育种技术	美国	加拿大	荷兰	德国	比利时	英国	澳大利亚	日本
杂交育种					♣♣			
转基因育种	♣♣♣♣♣					♣	♣	♣♣♣
分子标记辅助选择育种	♣♣♣♣		♣					
基因组选择育种	♣♣♣							
基因编辑育种	♣♣♣♣			♣				
设计育种		♣						

图 3-9　六大育种技术核心论文来源国分析

（注：红色表示研究机构发表的一篇核心论文，蓝色表示企业发表的一篇核心论文）

2. 国家分析

从国家来看（表 3-10），中国育种技术领域的核心论文数量排名第二，仅为美国的 52.4%，而核心论文占全部发表论文数量的比例为 6.5%，远远低于美国的 16.5%。这些数据表明中国育种技术领域的研究快速增长，但在影响力方面仍与美国等发达国家存在差距。

表 3-10　育种技术领域论文数量排名前十国家分析

排序	国家	论文数量（篇）	占全球育种技术论文总量比例（%）	核心论文数量（篇）	核心论文占本国论文比例（%）
1	中国	21 098	22.2	1 376	6.5
2	美国	15 944	16.8	2 628	16.5
3	印度	5 218	5.5	203	3.9
4	日本	5 148	5.4	617	12.0
5	巴西	4 090	4.3	90	2.2
6	德国	3 702	3.9	567	15.3
7	韩国	3 114	3.3	179	5.7
8	英国	2 706	2.8	535	19.8
9	澳大利亚	2 540	2.7	372	14.6
10	加拿大	2 476	2.6	294	11.9
	全球	94 948	100.0	9 642	

3. 机构分析

科研机构层面（表 3－11），育种技术领域论文数量位居前两位的机构是中国农业科学院和美国农业部。论文数量前十的机构中，中国共有 6 家机构入围，表现较为突出。从核心论文来看，美国农业部核心论文数量位居全球首位，康奈尔大学核心论文占比较高，达到 31.8%；中国共有 5 家机构进入核心论文数量排名前十机构，但是仅有中国科学院和华中农业大学的核心论文比例高于 10%，其余 3 家占比明显低于其他机构。

表 3－11　育种技术领域论文数量排名前十机构和核心论文数量排名前十机构

排序	论文数量排名前十机构			核心论文数量排名前十机构		
	机构	论文数量（篇）	占育种技术论文总量比例（%）	机构	核心论文数量（篇）	核心论文占本机构论文比例（%）
1	中国农业科学院	2 708	2.9	美国农业部	384	14.8
2	美国农业部	2 588	2.7	法国国家农业食品与环境研究院	255	16.8
3	印度农业研究理事会	1 621	1.7	中国科学院	236	14.7
4	中国科学院	1 609	1.7	加利福尼亚大学	209	27.0
5	中国农业大学	1 551	1.6	中国农业科学院	191	7.1
6	法国国家农业食品与环境研究院	1 517	1.6	康奈尔大学	182	31.8
7	华中农业大学	1 501	1.6	华中农业大学	169	11.3
8	南京农业大学	1 349	1.4	澳大利亚联邦科学与工业研究组织	118	23.8
9	西北农林科技大学	1 274	1.3	中国农业大学	116	7.5
10	加利福尼亚大学	773	0.8	南京农业大学	113	8.4
	全球	94 948	100.0	全球	9 642	

总体而言，育种技术领域的核心理论贡献在于杂交育种、转基因育种、分子标记辅助选择育种、基因编辑育种、基因组选择育种、设计育种等几个方面。中国在育种技术领域的研究论文总量在2003年以后快速增长，目前已经处于领先地位；从研究质量上看，中国核心论文比例达到国际第二梯队水平，仍有提升空间；从研究机构看，中国科学院等国内机构的科研水平已达到国际领先水平，论文数量和核心论文数量均进入前十行列，核心论文占比也较高。

（二）主要育种技术分析

1. 杂交育种

（1）论文分析。1992—2021年，全球杂交育种领域论文发表数量呈上升趋势，该趋势主要由中国主导，美国、加拿大、印度和日本论文数量没有明显变化。中国论文总量达到全球29.8%，核心论文数量212篇，排名第二，居于美国之后，但这些核心论文仅占本国论文总量的7.5%，远低于美国、德国、澳大利亚、英国和法国（图3-10、表3-12）。美国杂交育种领域论文数量近10年来较为平稳，而中国在杂交育种领域的基础研究还处在上升趋势。

杂交育种领域论文数量排名前十机构中，有7家机构来自中国，分别为华中农业大学、中国农业科学院、中国科学院、中国农业大学、浙江大学、南京农业大学和西北农林科技大学。核心论文排名前十机构中，有5家机构来自中国，其中华中农业大学的核心论文数量位居全球首位（表3-13），说明中国部分科研机构在杂交育种领域的研究达到国际先进水平。

（2）专利分析。从专利申请趋势看，该领域的专利在2013—2014年达到顶峰，此后呈现快速下降趋势（图3-11）。这说明杂交育种技术已经接近成熟，进一步发展需要新的技术创新。

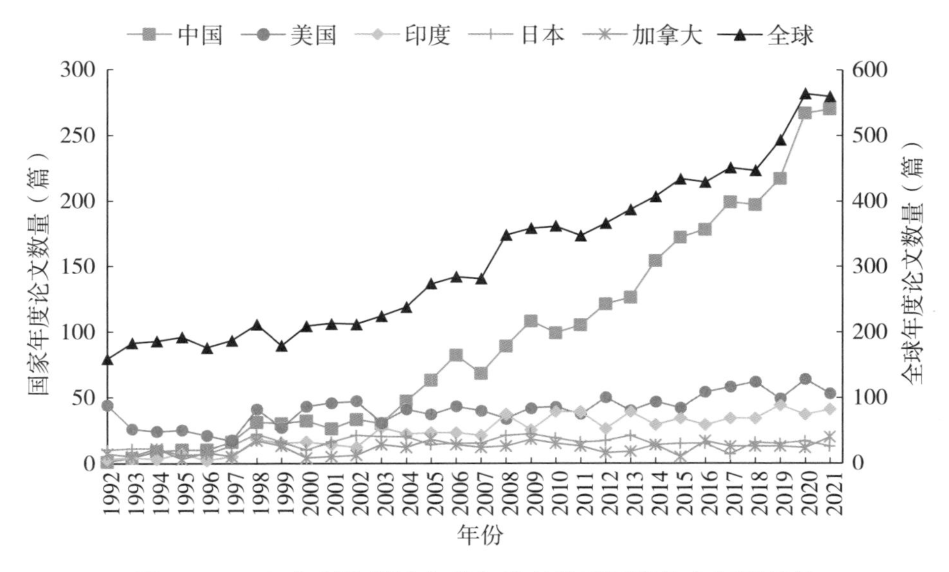

图 3-10 杂交育种领域全球和排名前五国家论文年度趋势

表 3-12 杂交育种领域论文数量排名前十国家分析

排序	国家	论文数量（篇）	占全球杂交育种论文总量比例（%）	核心论文数量（篇）	核心论文占本国论文比例（%）
1	中国	2 813	29.8	212	7.5
2	美国	1 232	13.1	224	18.2
3	印度	707	7.5	25	3.5
4	日本	456	4.8	55	12.1
5	加拿大	337	3.6	43	12.8
6	德国	333	3.5	55	16.5
7	澳大利亚	317	3.4	61	19.2
8	巴西	314	3.3	5	1.6
9	法国	238	2.5	54	22.7
10	英国	181	1.9	39	21.5
	全球	9 403	100.0	959	

表 3-13 杂交育种领域论文数量排名前十机构和核心论文数量排名前十机构

排序	论文数量排名前十机构			核心论文数量排名前十机构		
	机构	论文数量（篇）	占杂交育种论文总量比例（%）	机构	核心论文数量（篇）	核心论文占本机构论文比例（%）
1	华中农业大学	347	3.7	华中农业大学	50	14.4
2	中国农业科学院	301	3.2	法国国家农业食品与环境研究院	43	24.6
3	美国农业部	246	2.6	美国农业部	36	14.6
4	印度农业研究理事会	211	2.2	中国农业科学院	25	8.3
5	中国科学院	201	2.1	中国农业大学	25	13.1
6	中国农业大学	191	2.0	中国科学院	21	10.4
7	法国国家农业食品与环境研究院	175	1.9	国际水稻研究所	18	28.6
8	浙江大学	164	1.7	加拿大农业及农业食品部	17	13.7
9	南京农业大学	146	1.5	霍恩海姆大学	17	18.7
10	西北农林科技大学	144	1.5	澳大利亚联邦科学与工业研究组织	16	32.0
10				上海交通大学	16	42.1
	全球	9 403	100.0	全球	959	

从专利申请国家来看，美国和中国的杂交育种领域专利数量位居全球前两位，分别占全球专利的48.31%和46.47%，两者之和高达95%（表3-14）。从专利持有企业来看，科迪华表现突出，其专利总量和核心专利数量均位居全球首位；中国的优势机构有中国农业大学、中国农业科学院、中国科学院等（表3-15）。

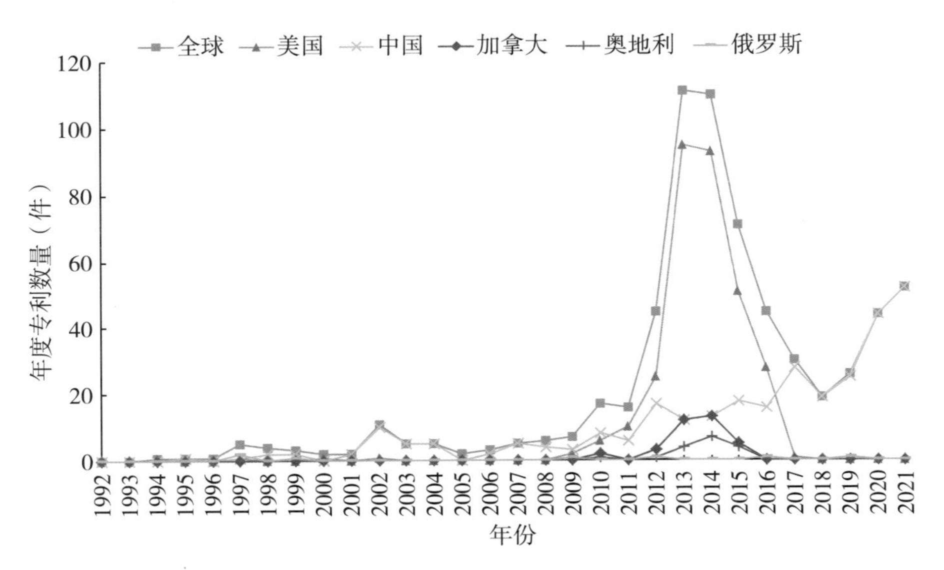

图 3－11 杂交育种领域全球和排名前五国家专利年度趋势

表 3－14 杂交育种领域专利总量排名前十国家分析

排序	国家/地区	专利总量（件）	占全球专利总量比例（%）	专利布局广度（同族国家数均值）	核心专利数量（件）	核心专利占全球核心专利总量比例（%）	核心专利占国家专利总量比例（%）
1	美国	315	48.31	1.08	187	88.21	59.37
2	中国	303	46.47	1.18	17	8.02	5.61
3	加拿大	35	5.37	1.00	19	8.96	54.29
4	奥地利	17	2.61	1.00	11	5.19	64.71
5	俄罗斯	7	1.07	1.00	0	0.00	0.00
6	韩国	5	0.77	2.00	1	0.47	20.00
7	乌克兰	4	0.61	1.00	0	0.00	0.00
8	罗马尼亚	3	0.46	1.00	0	0.00	0.00
9	德国	2	0.31	1.00	0	0.00	0.00
10	马来西亚	1	0.15	1.00	0	0.00	0.00
10	白俄罗斯	1	0.15	1.00	0	0.00	0.00
10	日本	1	0.15	1.00	0	0.00	0.00
	全球	652	100.00	1.13	212	100.00	32.52

表 3-15 杂交育种领域专利总量排名前十机构和核心专利数量排名前十机构

排序	专利总量排名前十机构				核心专利数量排名前十机构		
	机构	专利总量（件）	占全球专利总量比例（%）	专利布局广度	机构	核心专利数量（件）	核心专利占全球核心专利总量比例（%）
1	科迪华	282	43.25	1.04	科迪华	173	81.60
2	中国农业大学	25	3.83	1.48	中国农业科学院	3	1.42
3	中国农业科学院	18	2.76	1.00	中国科学院	3	1.42
4	中国科学院	14	2.15	1.86	拜耳	3	1.42
5	上海大学	12	1.84	1.00	中国农业大学	2	0.94
6	四川农业大学	11	1.69	1.00	北京大学	2	0.94
7	华中农业大学	11	1.69	1.18	国家杂交水稻工程技术研究中心	2	0.94
8	北京市农林科学院	9	1.38	1.00	未名兴旺系统作物设计前沿实验室（北京）有限公司	2	0.94
9	北京大学	8	1.23	1.88			
10	上海交通大学	8	1.23	1.00			
	全球	652	100.00	1.13	全球	212	100.00

总体而言，中国杂交育种科技水平处于国际并跑的地位。1992—2021年，中国论文总量居全球首位，核心论文数量位居第二，仅次于美国；中国专利数量占全球专利总量比例超过40%，仅次于美国。目前，全球杂交育种技术已经成熟，缺少新的技术和理论突破，但中国杂交育种领域的科技产出数量仍然处于上升阶段。

2. 转基因育种

(1) 论文分析。对转基因育种领域研究论文分析后发现（图3-12），全球论文总体呈现增加趋势，主要发文国家包括美国、中国、日本、

韩国、印度等。在 1992—2007 年，美国一直是转基因育种领域研究论文的主要产出国。中国转基因育种研究论文发表数量自 2003 年开始呈现快速上升趋势，2008 年与美国持平，随后超过美国，2021 年年度论文数量超过美国 3 倍。

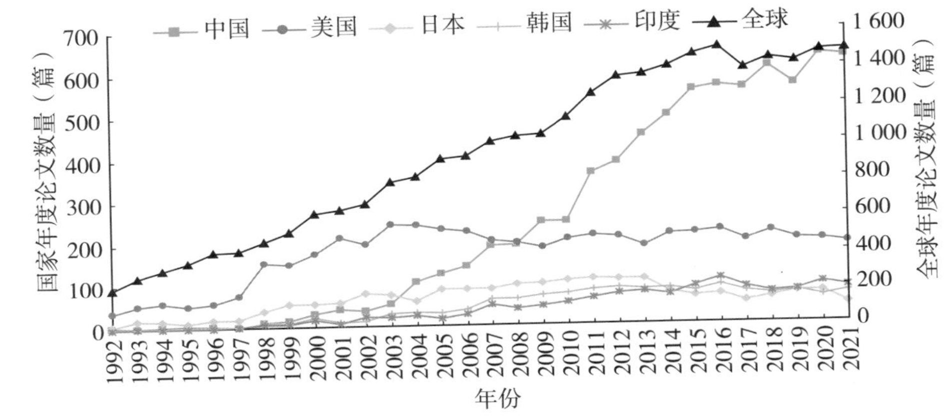

图 3－12　转基因育种领域全球和排名前五国家论文年度趋势

对转基因育种领域的核心论文进行分析发现（表 3－16），虽然

表 3－16　转基因育种领域论文数量排名前十国家分析

排序	国家	论文数量（篇）	占全球转基因育种论文总量比例（%）	核心论文数量（篇）	核心论文占本国论文比例（%）
1	中国	7 336	26.0	463	6.3
2	美国	5 257	18.7	809	15.4
3	日本	1 918	6.8	257	13.4
4	韩国	1 356	4.8	97	7.2
5	印度	1 247	4.4	56	4.5
6	德国	1 065	3.8	159	14.9
7	巴西	952	3.4	28	2.9
8	英国	933	3.3	170	18.2
9	加拿大	670	2.4	75	11.2
10	西班牙	597	2.1	79	13.2
	全球	28 180	100.0	2 872	

中国论文总量处于全球第一位，但是核心论文处于第二位，落后于美国，核心论文数量为美国的1/2左右，占据全球转基因育种领域核心论文总量的16.1%。此外，中国核心论文占本国论文比例仅为6.3%，远低于美国的15.4%。

转基因育种领域论文数量排名前十机构中（表3-17），中国机构有7家，主要包括中国农业科学院、中国科学院、中国农业大学、南京农业大学、华中农业大学、浙江大学和山东农业大学。美国转基因育种领域主要研究机构包括美国农业部和加利福尼亚大学。从核心论文占本机构论文数量的比例来看，多数美国和英国机构表现出色，

表3-17　转基因育种领域论文数量排名前十机构和核心论文数量排名前十机构

排序	论文数量排名前十机构			核心论文数量排名前十机构		
	机构	论文数量（篇）	占转基因育种论文总量比例（%）	机构	核心论文数量（篇）	核心论文占本机构论文比例（%）
1	中国农业科学院	850	3.0	中国科学院	105	13.8
2	中国科学院	760	2.7	美国农业部	78	12.9
3	美国农业部	603	2.1	加利福尼亚大学	66	23.6
4	中国农业大学	503	1.8	中国农业科学院	52	6.1
5	南京农业大学	497	1.8	西班牙国家研究委员会	48	20.3
6	华中农业大学	432	1.5	华中农业大学	43	10.0
7	浙江大学	337	1.2	康奈尔大学	39	22.8
8	日本国家农业和食品研究组织	309	1.1	孟山都	37	22.2
9	山东农业大学	293	1.0	日本国家农业和食品研究组织	36	11.7
10	加利福尼亚大学	280	1.0	约翰英尼斯中心	32	31.4
	全球	28 180	100.0	全球	2 872	

都在20%以上，其中约翰英尼斯中心高达31.4%。中国大部分研发机构这一比例低于10%，中国科学院表现最为出色，达到13.8%。

总体而言，中国在转基因育种领域的研究产出已经处于国际领先地位，2008年之后超过美国，2021年论文数量是美国的3倍多；但是在核心论文产出方面与美国相比还有较大差距，仅为美国的50%左右；从核心论文占本机构发文的比例来看，中国科学院接近美国主要研发机构，其他机构核心论文比例较低。

(2) 专利分析。对全球转基因育种领域的专利进行分析（图3-13），发现全球年度专利数量总体呈现增加趋势，专利主要来自美国、中国、瑞士、韩国、德国等国。美国一直是转基因育种领域最主要的专利持有国，专利占全球总量的58.62%。中国自2009年转基因育种领域相关专利数量开始增加，目前处于全球第二的位置，不到美国的1/2。

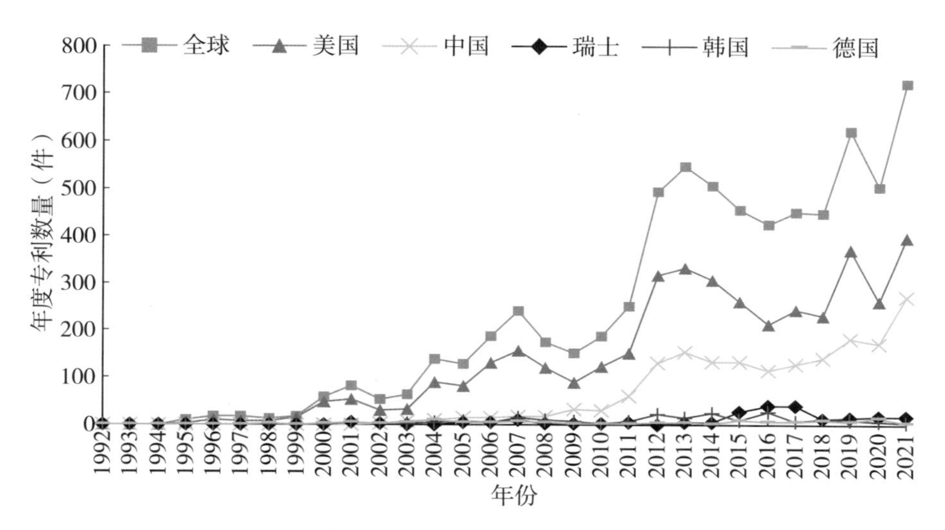

图3-13 转基因育种领域全球和排名前五国家专利年度趋势

从核心专利来看（表3-18），美国总体处于领先地位，持有全球转基因育种领域81.69%的核心专利，核心专利占本国专利总量的56.94%。中国核心专利仅有74件，是美国的3.2%，占本国专利总量的比例较低，仅为4.15%。

表 3-18 转基因育种领域专利总量排名前十国家分析

排序	国家/地区	专利总量（件）	占全球专利总量比例（%）	专利布局广度（同族国家数均值）	核心专利数量（件）	核心专利占全球核心专利总量比例（%）	核心专利占国家专利总量比例（%）
1	美国	4 097	58.62	2.74	2 333	81.69	56.94
2	中国	1 785	25.54	1.21	74	2.59	4.15
3	瑞士	222	3.18	5.56	86	3.01	38.74
4	韩国	217	3.10	2.00	47	1.65	21.66
5	德国	138	1.97	4.20	88	3.08	63.77
6	俄罗斯	138	1.97	1.04	3	0.11	2.17
7	加拿大	90	1.29	1.89	68	2.38	75.56
8	比利时	67	0.96	8.76	55	1.93	82.09
9	法国	59	0.84	1.37	27	0.95	45.76
10	澳大利亚	50	0.72	5.16	26	0.91	52.00
	全球	6 989	100.00	2.53	2 856	100.00	40.86

从转基因育种领域专利持有机构来看（表 3-19），国外企业表现出色，排名前十机构中外国企业占据了 5 个席位，并且这 5 家企业专利总数占全球转基因育种相关专利总数的 57.58%。其中，科迪华专利数量最多，占全球转基因育种领域相关专利总数的 22.84%。中国转基因育种领域相关专利产出机构包括先正达、中国农业科学院、中国科学院、华中农业大学、南京农业大学，但 5 个机构相关专利总和仅为全球的 13.86%，不及科迪华一家企业。中国机构核心专利数量较少，仅有先正达和中国科学院进入核心专利排名前十行列，核心专利占全球转基因育种领域核心专利总数的比例分别为 5.71%和 0.56%。

总体而言，无论从专利总体数量还是核心专利数量角度，美国在转基因育种领域都处于领先地位，中国与美国差距较大，专利数量为美国 44%，核心专利数量为美国的 3%；美国专利主要来自企业，而

中国主要来自科研单位，说明在转基因育种领域中国和国外的研发模式有很大不同。

表 3-19 转基因育种领域专利总量排名前十机构和核心专利数量排名前十机构

排序	专利总量排名前十机构				核心专利数量排名前十机构		
	机构	专利总量（件）	占全球专利总量比例（%）	专利布局广度	机构	核心专利数量（件）	核心专利占全球核心专利总量比例（%）
1	科迪华	1 596	22.84	2.57	拜耳	874	30.60
2	拜耳	1 129	16.15	4.40	科迪华	767	26.86
3	MS技术公司	578	8.27	1.58	斯泰种业	431	15.09
4	斯泰种业	556	7.96	1.00	MS技术公司	239	8.37
5	先正达	352	5.04	4.15	先正达	163	5.71
6	中国农业科学院	265	3.79	1.06	Mertec公司	121	4.24
7	Mertec公司	165	2.36	1.00	巴斯夫	35	1.23
8	中国科学院	150	2.15	1.49	科沃施	31	1.09
9	华中农业大学	121	1.73	1.31	利马格兰	28	0.98
10	南京农业大学	81	1.16	1.01	中国科学院	16	0.56
	全球	6 989	100.00	2.53	全球	2 856	100.00

3. 分子标记辅助选择育种

（1）论文分析。对分子标记辅助选择育种领域分析发现（图 3-14），全球论文总体呈现增加趋势，中国研究论文发表数量自 2004 年有了大幅度提升，2006 年之后反超美国，2021 年论文数量达到美国的 3.4 倍。中国在该领域快速增长的发文趋势主导了全球的增长趋势。

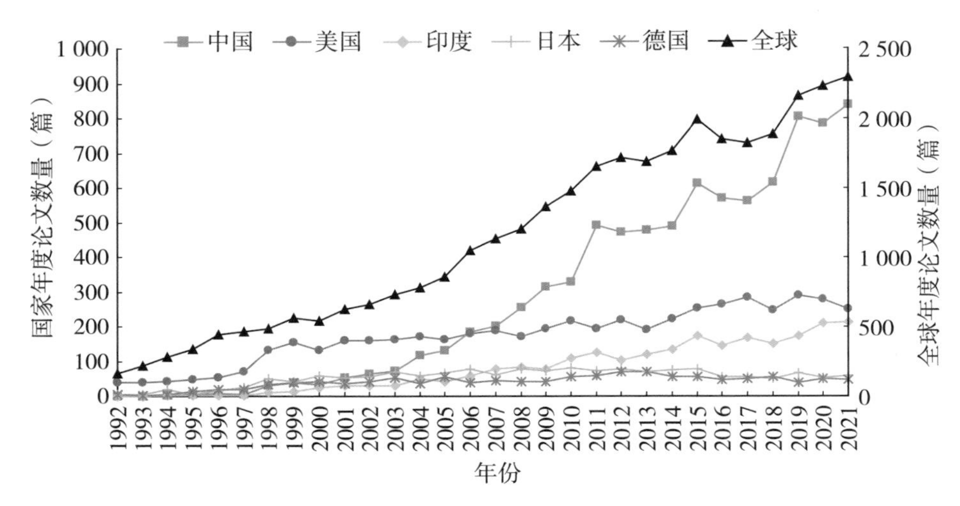

图 3-14　分子标记辅助选择育种领域全球和排名前五国家论文年度趋势

对核心论文进行分析发现（表 3-20），美国处于绝对优势地位，

表 3-20　分子标记辅助选择育种领域论文数量排名前十国家分析

排序	国家	论文数量（篇）	占全球分子标记辅助选择育种论文总量比例（%）	核心论文数量（篇）	核心论文占本国论文比例（%）
1	中国	8 690	25.0	467	5.4
2	美国	5 198	15.0	919	17.7
3	印度	2 420	7.0	94	3.9
4	日本	1 638	4.7	192	11.7
5	德国	1 242	3.6	210	16.9
6	巴西	1 167	3.4	31	2.7
7	意大利	1 100	3.2	74	6.7
8	韩国	1 031	3.0	34	3.3
9	澳大利亚	875	2.5	155	17.7
10	加拿大	834	2.4	103	12.4
	全球	34 711	100.0	3 508	

核心论文数量占全球核心论文总量的26.2%，占本国论文比例为17.7%。中国核心论文数量仅为美国的50.8%，占本国论文比例为5.4%，基础研究总体水平有待于进一步提升。

从论文数量排名前十机构来看（表3-21），中国机构较多，占据7个席位，主要包括中国农业科学院、西北农林科技大学、华中农

表3-21 分子标记辅助选择育种领域论文数量排名前十机构和核心论文数量排名前十机构

排序	论文数量排名前十机构			核心论文数量排名前十机构		
	机构	论文数量（篇）	占分子标记辅助选择育种论文总量比例（%）	机构	核心论文数量（篇）	核心论文占本机构论文比例（%）
1	中国农业科学院	1 353	3.9	美国农业部	206	17.1
2	美国农业部	1 205	3.5	法国国家农业食品与环境研究院	125	22.0
3	印度农业研究理事会	917	2.6	康奈尔大学	91	40.3
4	西北农林科技大学	722	2.1	华中农业大学	84	12.0
5	华中农业大学	699	2.0	中国农业科学院	83	6.1
6	中国农业大学	667	1.9	加利福尼亚大学	81	32.7
7	南京农业大学	579	1.7	国际水稻研究所	62	24.9
8	法国国家农业食品与环境研究院	569	1.6	南京农业大学	59	10.2
9	中国科学院	445	1.3	威斯康星大学	56	22.0
10	四川农业大学	378	1.1	瓦赫宁根大学及研究中心	55	19.2
	全球	34 711	100.0	全球	3 508	

业大学、中国农业大学、南京农业大学、中国科学院和四川农业大学。从核心论文占本机构总论文数量的比例来看，美国机构表现突出，核心论文占比基本在17%以上，其中康奈尔大学高达40.3%。中国大部分研发机构这一比例较低，在6.1%～12.0%。

(2) 专利分析。对分子标记辅助选择育种专利分析发现（图3－15），中国专利总量位居全球第一。中国专利数量自2006年有了大幅度提升，2021年专利总量达到美国的6倍。在核心专利方面，美国以194件占据全球首位，占全球核心专利总量的59.15%；中国仅有41件，为美国的21.1%（表3－22）。

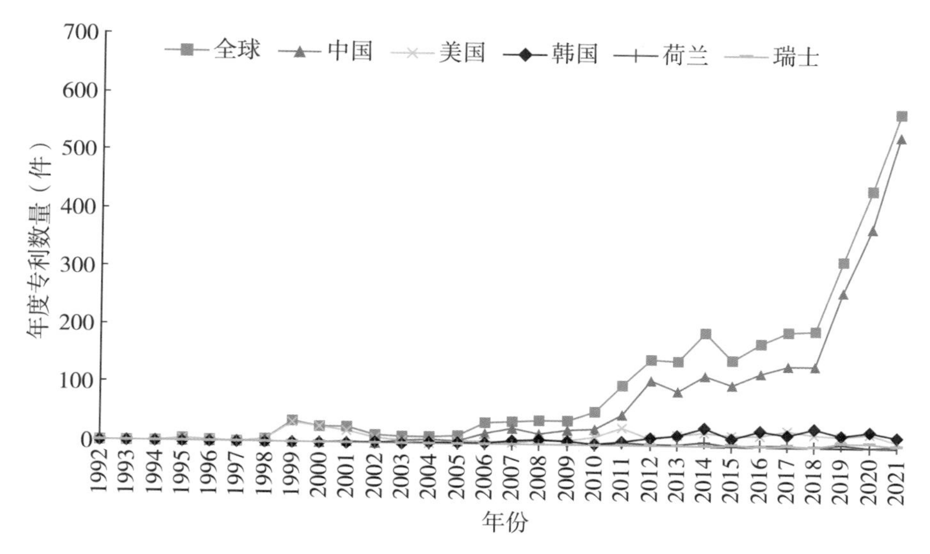

图3－15　分子标记辅助选择育种领域全球和排名前五国家专利年度趋势

对专利申请机构分析后发现（表3－23），分子标记辅助选择育种领域专利总量排名前十机构中，包括8家中国研究机构和2家国外企业，其中拜耳和科迪华两家企业共持有全球41%以上的核心专利，8家中国机构专利数总量虽然占全球的35.5%，但这些机构核心专利数量较少，单家机构持有数量最高不超过6件，占全球比例均低于2%。

表 3-22　分子标记辅助选择育种领域专利总量排名前十国家分析

排序	国家/地区	专利总量（件）	占全球专利总量比例（%）	专利布局广度（同族国家数均值）	核心专利数量（件）	核心专利占全球核心专利总量比例（%）	核心专利占国家专利总量比例（%）
1	中国	2 186	72.89	1.05	41	12.50	1.88
2	美国	359	11.97	4.23	194	59.15	54.04
3	韩国	263	8.77	1.05	28	8.54	10.65
4	荷兰	30	1.00	8.70	23	7.01	76.67
5	瑞士	23	0.77	4.35	9	2.74	39.13
6	日本	21	0.70	2.33	6	1.83	28.57
7	丹麦	21	0.70	15.95	5	1.52	23.81
8	法国	17	0.57	6.18	6	1.83	35.29
9	俄罗斯	15	0.50	1.00	0	0.00	0.00
10	巴西	13	0.43	5.69	9	2.74	69.23
	全球	2 999	100.00	1.73	328	100.00	10.94

表 3-23　分子标记辅助选择育种领域专利总量排名前十机构和核心专利数量排名前十机构

排序	专利总量排名前十机构				核心专利数量排名前十机构		
	机构	专利总量（件）	占全球专利总量比例（%）	专利布局广度	机构	核心专利数量（件）	核心专利占全球核心专利总量比例（%）
1	中国农业科学院	375	12.50	1.02	拜耳	82	25.00
2	华中农业大学	171	5.70	1.06	科迪华	54	16.46
3	拜耳	160	5.34	3.59	先正达	10	3.05
4	中国农业大学	117	3.90	1.01	嘉吉	8	2.44
5	南京农业大学	100	3.33	1.04	忠南大学	7	2.13

（续）

排序	专利总量排名前十机构				核心专利数量排名前十机构		
	机构	专利总量（件）	占全球专利总量比例（%）	专利布局广度	机构	核心专利数量（件）	核心专利占全球核心专利总量比例（%）
6	科迪华	97	3.23	6.08	中国科学院	6	1.83
7	中国科学院	89	2.97	1.12	巴斯夫	6	1.83
8	江苏省农业科学院	77	2.57	1.01	中国农业大学	5	1.52
9	西北农林科技大学	71	2.37	1.00	美国农业部	5	1.52
10	华南农业大学	66	2.20	1.00	MMI GENOMICS公司	5	1.52
	全球	2 999	100.00	1.73	全球	328	100.00

总体而言，中国在分子标记辅助选择育种领域研究水平快速提高，论文产出已经为美国的1.7倍，但核心论文数量仅为美国的一半；中国相关专利数量已经位居全球第一，但是在核心专利数量上与美国存在差距，仅为美国的21.1%。

4. 基因编辑育种

（1）论文分析。近年来，基因编辑育种领域发表论文数量呈现出大幅度增加趋势，特别是2013年以来，CRISPR技术的出现带动了基因编辑技术进入高速发展阶段，相关论文数量每年呈现指数增加（图3-16）。中国在基因编辑育种领域年度论文数量已超过美国并且一直保持领先地位。

对核心论文进行分析发现，中国基因编辑育种领域核心论文总数为74篇，排名第一位；美国核心论文数量为64篇，排名第二位（表3-24）。从核心论文数量占本国论文数量的比例来看，英国、法国、

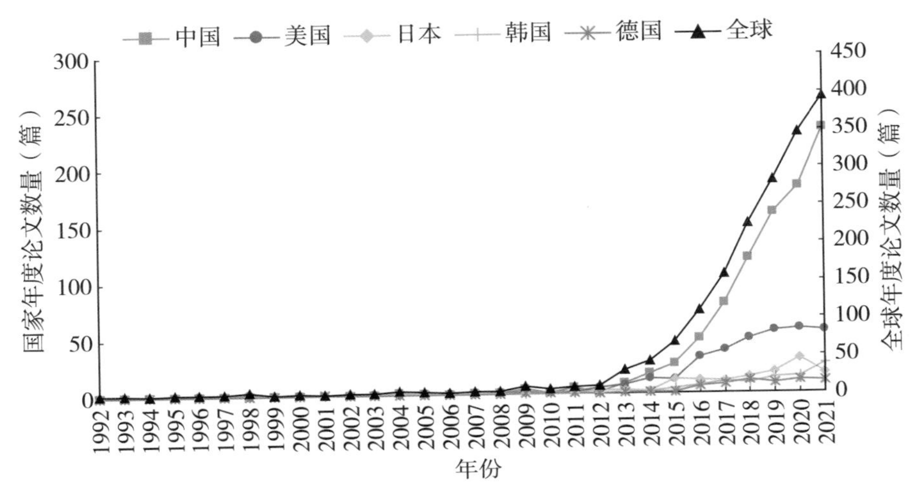

图 3－16　基因编辑育种领域全球和排名前五国家论文年度趋势

美国和德国均超过 15%，而中国只有 8.1%。以上数据说明，虽然中国总体研究产出已经处于世界领先，但是在整体研究水平方面与欧美国家有很大差距。

表 3－24　基因编辑育种领域论文数量排名前十国家分析

排序	国家	论文数量（篇）	占全球基因编辑育种论文总量比例（%）	核心论文数量（篇）	核心论文占本国论文比例（%）
1	中国	910	51.4	74	8.1
2	美国	344	19.4	64	18.6
3	日本	134	7.6	18	13.4
4	韩国	91	5.1	1	1.1
5	德国	64	3.6	11	17.2
6	印度	42	2.4	1	2.4
7	英国	41	2.3	8	19.5
8	法国	32	1.8	5	15.6
9	加拿大	29	1.6	0	0.0
10	澳大利亚	27	1.5	0	0.0
	全球	1 772	100.0	199	

从主要发文机构来看（表 3－25），基因编辑育种领域排名前十机构主要来自中国，包括中国农业科学院、中国科学院、华中农业大学、中国农业大学等 8 家机构。此外，日本国家农业和食品研究组织、美国加利福尼亚大学也进入前十榜单。从核心论文主要发文机构来看，中国科学院处于领先水平，核心论文数量位居全球首位，核心论文占比达到 25.9%，与欧美国家代表性机构基本持平。

表 3－25　基因编辑育种领域论文数量排名前十机构和核心论文数量排名前十机构

排序	论文数量排名前十机构			核心论文数量排名前十机构		
	机构	论文数量（篇）	占基因编辑育种论文总量比例（%）	机构	核心论文数量（篇）	核心论文占本机构论文比例（%）
1	中国农业科学院	163	9.2	中国科学院	30	25.9
2	中国科学院	116	6.5	中国农业科学院	12	7.4
3	华中农业大学	76	4.3	中国农业大学	7	10.9
4	中国农业大学	64	3.6	日本国家农业和食品研究组织	7	17.9
5	华南农业大学	45	2.5	加利福尼亚大学	6	15.8
6	西北农林科技大学	43	2.4	爱荷华州立大学	6	31.6
7	日本国家农业和食品研究组织	39	2.2	明尼苏达大学	6	35.3
8	扬州大学	39	2.2	普渡大学	6	35.3
9	加利福尼亚大学	38	2.1	密苏里大学	4	13.8
10	浙江大学	36	2.0	马里兰大学系统	4	23.5
10				爱丁堡大学	4	30.8
	全球	1 772	100.0	全球	199	

（2）专利分析。1992—2021 年，基因编辑育种领域专利分析发

现（图 3－17），该领域专利数量自 2013 年以来，增长速度加快。中国专利数量一直处于世界领先水平，引领了全球基因编辑育种专利申请趋势。

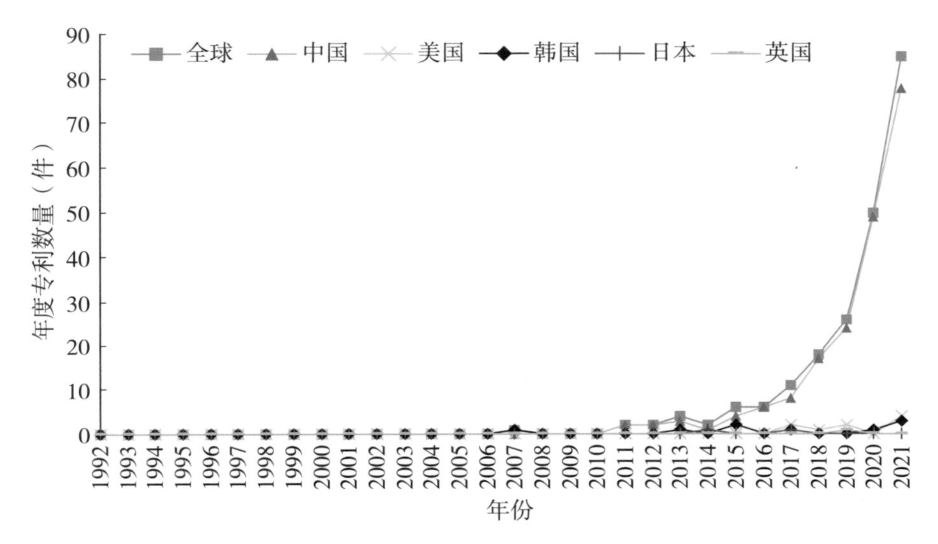

图 3－17　基因编辑育种领域全球和排名前五国家专利年度趋势

从基因编辑技术本身来看，以美国为代表的欧美国家是基因编辑技术的发源地，研发、创新、转化能力在全球具有绝对优势和影响力，在基因编辑技术研发上占据着制高点，拥有 CRISPR 原始核心技术。2012 年，美国加利福尼亚大学伯克利分校的 Doudna 和 Charpentier 团队首次在体外证明了 CRISPR/Cas9 特异性切割靶标 DNA 的功能，并于 2020 年获得了诺贝尔化学奖；2013 年，美国麻省理工学院的 Feng Zhang 和哈佛大学的 George Church 团队首次在哺乳动物细胞系中利用 CRISPR/Cas9 实现了基因编辑。Feng Zhang 实验室同时也开发了具有独立专利的 CRISPR/Cpf1 系统。哈佛大学 David Liu 2016—2017 年开发了碱基编辑技术以及 2019 年开发了引导编辑技术。

中国虽然在基因编辑应用研究方面取得了诸多进展，但由于长期以来相关基础研究薄弱，未形成稳定的基因编辑技术研发团队，缺乏可编程核酸识别元件、核酸修饰功能元件等底层核心专利，导致中国在相关技术的后续产业化应用阶段严重依赖于国外源头技术持有者的授权。

总体而言，以美国为代表的欧美国家是基因编辑技术的发源地，研发、创新、转化能力在全球具有绝对优势和影响力，拥有 CRISPR 原始核心专利。中国主要动植物基因编辑技术基础研究产出数量明显多于美国，动植物基因编辑技术专利位居全球第一，但中国基因编辑研究更多属于跟踪型或应用拓展型，未掌握相关领域的核心技术，缺乏具有自主知识产权的原始创新成果。

5. 基因组选择育种

（1）论文分析。对基因组选择育种领域相关研究论文分析发现（图 3-18），全球论文数量总体呈现增加趋势，尤其是自 2010 年以来，增长速度更为快速。美国一直是基因组选择育种领域研究的主要产出国，论文总量占全球基因组选择育种论文总量的 25.2%。中国基因组选择育种领域相关研究论文发表数量近几年开始有了大幅度提

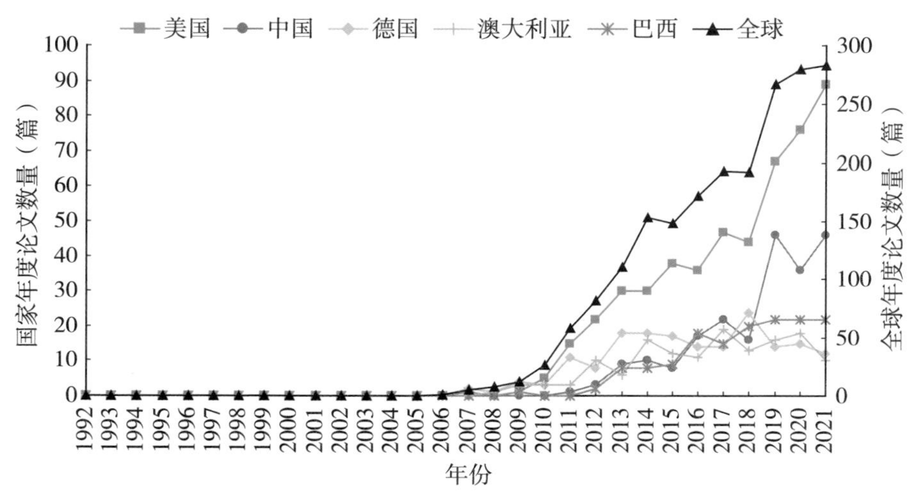

图 3-18 基因组选择育种领域全球和排名前五国家论文年度趋势

升，论文总量占全球的10.6%，位居全球第二，仅次于美国。

从动物和植物两个领域来看，基因组选择育种在动物育种中发展较早，论文产出相对较多；在植物中应用迟一些，但近年来有上升趋势（图3-19）。

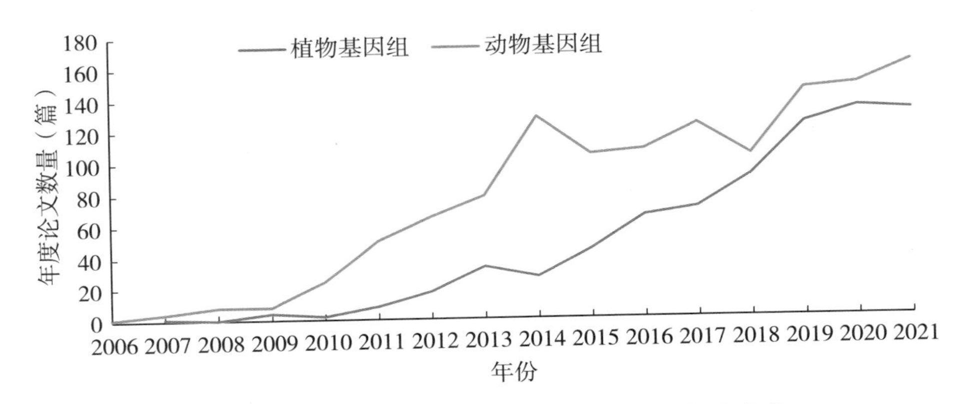

图3-19　动植物基因组选择育种领域论文年度趋势

对基因组选择育种领域的核心论文分析后发现（表3-26），美

表3-26　基因组选择育种领域论文数量排名前十国家分析

排序	国家	论文数量（篇）	占全球基因组选择育种论文总量比例（%）	核心论文数量（篇）	核心论文占本国论文比例（%）
1	美国	510	25.2	70	13.7
2	中国	215	10.6	7	3.3
3	德国	176	8.7	31	17.6
4	澳大利亚	152	7.5	35	23.0
5	巴西	148	7.3	3	2.0
6	法国	121	6.0	12	9.9
7	丹麦	83	4.1	11	13.3
8	加拿大	71	3.5	4	5.6
9	荷兰	65	3.2	8	12.3
10	墨西哥	63	3.1	9	14.3
	全球	2 023	100.0	208	

国总体表现突出，核心论文占全球核心论文总量的33.7%，占本国论文比例为13.7%。中国核心论文数量为美国的1/10，占本国论文比例为3.3%，远远低于德国、澳大利亚等发达国家，在核心论文层面与美国有很大差距。

从主要研究机构来看（表3-27），法国国家农业食品与环境研究院论文数量最多，排在第一位，国际玉米小麦改良中心排在第二位。排名前十的机构中，中国农业科学院和中国农业大学两家中国机构上榜；核心论文排名前十的机构中，没有中国机构入选，可见中国在该领域的基础研究核心竞争力方面有巨大差距。

（2）技术发展现状。在基因组选择育种领域，关键技术创新包括基因型鉴定、计算方法、表型鉴定等。其中育种材料的基因型鉴定技术成本较高，主要应用于奶牛等个体经济价值较高的物种中。基因型和表型鉴定的成本较高，也限定了基因组选择育种在作物中的应用，主要出现在跨国公司等大规模育种项目中。例如孟山都70%的玉米品种由基因组选择育种技术选育而成。相比传统的育种选育方法，基因组选择育种可节省1/3的选育周期，育种品系测试能力提高了10倍。

中国与主要国家相比，基因型和表型鉴定技术（包括测序、芯片等设备）的原创成果较少，计算技术（软件）的原创成果也较少。基因组选择育种的应用需要较大的前期投入，较大的育种项目方有实力进行先期投入，通过后续育种效率的提高及产量提高来收回先期投入，因此，中国在基因组选择育种应用方面缺少优势。

总体而言，基因组选择是一项先进、高效的育种技术，初期多应用于个体价值大的动物（比如奶牛）育种，后期在大育种公司的作物育种（比如玉米）也已得到广泛应用。相关论文数量呈迅速增加趋势，主要研发力量和核心技术集中在以美国为代表的发达国家。中国目前的育种技术落后于发达国家近一代。中国近年来在基因组选择育

表 3-27 基因组选择育种领域论文数量排名前十机构和核心论文数量排名前十机构

排序	论文数量排名前十机构			核心论文数量排名前十机构		
	机构	论文数量（篇）	占基因组选择育种论文总量比例（%）	机构	核心论文数量（篇）	核心论文占本机构论文比例（%）
1	法国国家农业食品与环境研究院	99	4.9	霍恩海姆大学	14	25.5
2	国际玉米小麦改良中心	75	3.7	法国国家农业食品与环境研究院	12	12.1
3	中国农业科学院	63	3.1	康奈尔大学	12	27.9
4	奥胡斯大学	60	3.0	国际玉米小麦改良中心	11	14.7
5	瓦赫宁根大学及研究中心	58	2.9	美国农业部	11	19.3
6	美国农业部	57	2.8	奥胡斯大学	10	16.7
7	霍恩海姆大学	55	2.7	澳大利亚联邦科学与工业研究组织	7	35.0
8	中国农业大学	45	2.2	瓦赫宁根大学及研究中心	6	10.3
9	康奈尔大学	43	2.1	莱布尼茨植物遗传和作物育种研究所	5	15.2
10	佐治亚大学	40	2.0	加利福尼亚大学	5	22.7
	全球	2 023	100.0	全球	208	

种领域论文发表方面位居第二，仅次于美国。在技术的原创性方面，

基因组选择育种技术核心组成基因型和表型鉴定平台及模型构建方法等主要是使用发达国家已有产品，中国受限于育种项目规模小以及在计算方法上的投入较少，尚不足以产生大量原创性基因组选择育种方法及相关品种。

6. 设计育种

(1) 论文分析。 设计育种领域核心理论贡献是如何通过品种设计获取育种目标的最佳基因型，进而开展多基因的复杂性状的定向改良与聚合，最终高效精准地培育出目标新品种。设计育种技术的突破依赖于遗传学、分子生物学和基因组学等学科的发展，尤其是对高产、优质等复杂性状形成的分子机制的解析。1992—2021 年，对设计育种领域相关论文分析发现（图 3-20），全球论文数量 2017 年以来呈现快速增长趋势，中国和美国是主要研究力量，中国的论文数量自 2015 年有了大幅度提升，2019 年后反超美国，这主要得益于中国在相关领域先后启动了一系列重要项目，通过项目实施中国在设计育种领域的研究能力大幅提升。

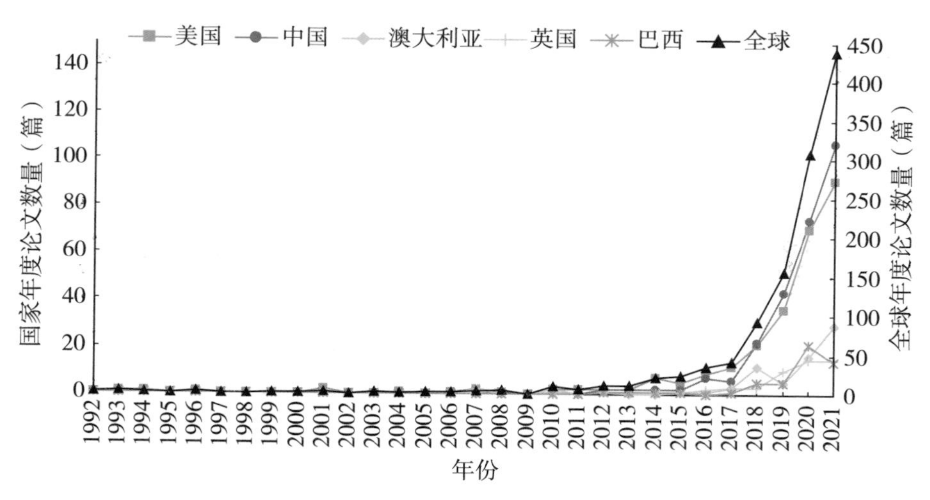

图 3-20　设计育种领域全球和排名前五国家论文年度趋势

对核心论文进行分析发现（表 3-28），美国和中国总体处于领

先地位，其中美国的核心论文数量约占全球设计育种领域核心论文总量的 26.8%，中国占 16.5%，美国的核心论文数量为中国的 1.6 倍。美国核心论文数量占本国论文总量比为 12.2%，而中国仅为 7.6%，有待于进一步提高。

表 3-28　设计育种领域论文数量排名前十国家分析

排序	国家	论文数量（篇）	占全球设计育种论文总量比例（%）	核心论文数量（篇）	核心论文占本国论文比例（%）
1	美国	278	22.7	34	12.2
2	中国	275	22.5	21	7.6
3	澳大利亚	70	5.7	6	8.6
4	英国	57	4.7	11	19.3
5	巴西	53	4.3	2	3.8
6	印度	50	4.1	4	8.0
7	德国	41	3.4	5	12.2
8	韩国	38	3.1	3	7.9
9	西班牙	34	2.8	2	5.9
10	日本	34	2.8	3	8.8
	全球	1 223	100.0	127	

科研机构层面（表 3-29），设计育种领域排名前十发文机构主要来自美国和中国，分别有 5 家和 4 家机构入围。美国的主要研究机构包括威斯康星大学、爱荷华州立大学、加利福尼亚大学、美国农业部、普渡大学，中国的主要研究机构包括中国科学院、浙江大学、西北农林科技大学、南京农业大学。从论文数量来看，威斯康星大学和中国科学院全球领先，均占全球设计育种论文总量的 2.4%。核心论文数量排名前十机构主要来自中国和美国，威斯康星大学表现突出，排名第一位。中国入围的 4 家机构其核心论文占本机构论文的比例明

显低于其他国家的机构。

表 3-29　设计育种领域论文数量排名前十机构和核心论文数量排名前十机构

排序	论文数量排名前十机构			核心论文数量排名前十机构		
	机构	论文数量（篇）	占设计育种论文总量比例（%）	机构	核心论文数量（篇）	核心论文占本机构论文比例（%）
1	威斯康星大学	29	2.4	威斯康星大学	10	34.5
2	中国科学院	29	2.4	伊利诺伊大学	4	33.3
3	浙江大学	22	1.8	澳大利亚联邦科学与工业研究组织	4	36.4
4	西北农林科技大学	20	1.6	中国科学院	3	10.3
5	南京农业大学	16	1.3	爱荷华州立大学	3	18.8
6	爱荷华州立大学	16	1.3	堪萨斯州立大学	3	23.1
7	加利福尼亚大学	15	1.2	东京大学	3	25.0
8	美国农业部	15	1.2	浙江大学	2	9.1
9	普渡大学	14	1.1	西北农林科技大学	2	10.0
10	法国国家农业食品与环境研究院	14	1.1	南京农业大学	2	12.5
	全球	1 223	100.0	全球	127	

（2）技术发展现状。总体而言，全球设计育种论文数量呈现快速增长趋势。中国在该领域的研究论文总量在 2015 年以后快速增长，目前与世界主要国家相比已经处于领先地位；在研究质量方面，中国核心论文比例与美国相比有一定差距；在研究机构方面，中国和美国机构表现出色。

得益于在作物重要农艺性状的形成机制及其育种应用上取得的重

要成果，中国在设计育种品种培育方面走在了国际前沿。例如，中国科学院遗传与发育生物学研究所李家洋团队培育出高产、优质、高抗的中科发系列和嘉优中科系列水稻新品种，入选2018年中国十大科技进展新闻；中国农业科学院作物科学研究所和南京农业大学团队选育出携带籼稻基因组片段的大粒粳稻材料。在小麦和大豆等作物的设计育种方面，中国科学院成都生物研究所团队培育出川育25、中科麦138、中科糯麦1号等优质高产抗病品种；中国科学院遗传与发育生物学研究所培育出四粒荚比例和产量都明显增加的科豆17等系列大豆新品种；中国科学院东北地理与农业生态研究所培育出中早熟、高油、高光效、高产的东生系列品种。中国农业科学院团队建立了杂交马铃薯基因组设计育种流程，有望引领蔬菜设计育种。这些品种的培育和推广，对中国水稻、小麦、大豆品种的升级换代起到了引领作用。

四、生物技术产品研发分析

（一）转基因产品分析

据ISAAA转基因批准数据库统计（网址：https://www. isaaa. org/gmapprovaldatabase/default. asp），截至2023年5月8日，全球已有440个转基因植物在至少一个国家获得批准，共涉及31种植物。其中，玉米是被批准数量最多的转基因植物，约占被批准转基因植物的1/3，其次是棉花、马铃薯、油菜和大豆，占比在9.1%～15.0%。除了主要农作物之外，康乃馨、月季、番茄、甘蔗、木瓜等园艺植物、蔬菜和水果均有一定数量的转基因品种（表3-30）。

目前，转基因植物的主要开发机构包括孟山都、陶氏（与杜邦合并后成立科迪华）、先正达（已被中国化工收购）、拜耳、巴斯夫等跨国巨头。中国仅有北京大北农科技集团股份有限公司（简称大北农）、

表 3-30 全球批准的转基因植物分析

转基因植物	获得批准产品数量（个）	占转基因植物总量的比例（%）
玉米	153	34.8
棉花	66	15.0
马铃薯	50	11.4
油菜	45	10.2
大豆	40	9.1
康乃馨	19	4.3
食用番茄	11	2.5
水稻	7	1.6
甘蔗	6	1.4
紫花苜蓿	5	1.1
木瓜	4	0.9
甜菜	3	0.7
菊苣	3	0.7
苹果	3	0.7

华中农业大学、中国农业科学院等机构开发的少量转基因品种获得批准（表 3-31）。

表 3-31 转基因植物主要研发机构

主要开发机构	获得批准的产品数量（个）
孟山都	146
陶氏	58
先正达	52
拜耳	51
巴斯夫	21
美国辛普劳公司	17
澳大利亚 Florigene Pty 公司	15

从各大研发机构被批准的转基因物种来看，跨国种业巨头主要关注玉米、棉花、油菜、大豆和马铃薯品种开发（表 3 - 32）。其中，孟山都在上述五大农作物领域均有产品获得批准，陶氏和拜耳的玉米、棉花、油菜和大豆转基因品种获得批准；先正达转基因玉米和棉花产品获得批准，巴斯夫转基因棉花、油菜、大豆和马铃薯品种获得批准。此外，还有部分企业专门从事特定物种的转基因育种。例如美国辛普劳公司主要从事转基因马铃薯开发，澳大利亚 Florigene Pty 公司主要从事转基因康乃馨开发。

表 3 - 32 主要研发机构获得批准的转基因植物分析

机构	产品数量（个）					
	玉米	棉花	油菜	大豆	马铃薯	康乃馨
孟山都	55	29	6	16	27	—
陶氏	36	9	3	10	—	—
先正达	48	4	—	—	—	—
拜耳	6	12	22	7	—	—
巴斯夫	—	4	10	5	2	—
美国辛普劳公司	—	—	—	—	17	—
澳大利亚 Florigene Pty 公司	—	—	—	—	—	15

从批准的转基因产品涉及的商业性状来看，主要集中在耐除草剂和抗虫堆叠性状、耐除草剂、改善品质、抗虫、耐多个除草剂、耐除草剂和授粉控制堆叠性状（表 3 - 33）。

表 3 - 33 主要转基因产品的商业性状分析

转基因性状	转基因植物数量（个）
（堆叠）耐除草剂＋抗虫	130
（单一）耐除草剂	59
（单一）改善品质	54

（续）

转基因性状	转基因植物数量（个）
（单一）抗虫	50
（堆叠）耐多个除草剂	26
（堆叠）耐除草剂＋授粉控制	25
（堆叠）改进多个产品质量	15
（堆叠）多重抗虫	13
（堆叠）耐除草剂＋改进产品质量	12
（单一）抗病	10
（堆叠）抗虫＋抗病	10

（二）基因编辑产品分析

基因编辑技术已经在动植物育种中得到了广泛应用。据欧盟联合研究中心数据显示（网址：https://datam.jrc.ec.europa.eu/datam/mashup/NEW_GENOMIC_TECHNIQUES/index.html），截至2023年4月21日，全球正在开发的基因编辑动植物产品约有429个，其中植物产品为344个，占比高达80%，动物产品为84个，蘑菇产品为1个。

目前，美国正在开发的基因编辑产品最多，有150个，占全球的35%；其次是中国和欧盟，正在开发的产品分别有103个和91个产品，分别占全球的24%和21%。前三个国家合计占比高达80%（表3-34）。

目前正在开发的基因编辑动植物产品中，应用最多的是CRISPR技术，相关产品占比高达88%；其次是转录激活因子样效应物核酸酶（TALEN）技术，相关产品占比为9%。锌指核酸酶（ZFN）基因编辑技术和归巢核酸内切酶（MN）技术产品较少，合计占比为3%（图3-21）。

表 3-34　基因编辑产品主要研发国家和地区

国家/地区	产品数量（个）	占全球产品总量比例（%）
美国	150	35
中国	103	24
欧盟	91	21
日本	28	7
英国	19	4
澳大利亚	12	3
巴西	9	2

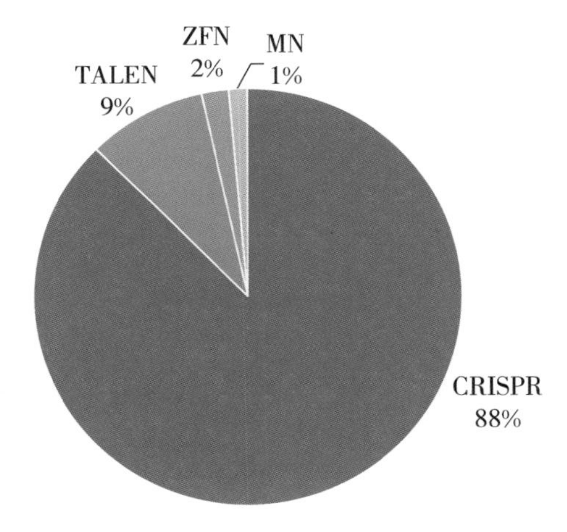

图 3-21　各类基因编辑技术产品分布

预计未来 5～10 年，约有 150 个新产品陆续投放市场。私营企业基因编辑产品的研发进程总体快于公共科研机构，大部分处于高级研究阶段，而公共科研机构的绝大部分产品仍处于早期研究阶段（表 3-35）。

这些产品涉及的性状特征主要包括改良成分、抗生物胁迫、植物产量和结构、抗非生物胁迫、育种工具等（表 3-36）。

表 3-35　各类研究机构及产品商业化进程分析

研发主体性质	研发阶段	申请数量（个）
私营企业	商业阶段	3
	商业前阶段	9
	高级研究阶段	72
	早期研究阶段	70
公共科研机构	商业前阶段	6
	高级研究阶段	59
	早期研究阶段	237

表 3-36　开发产品涉及性状分析

性状	产品数量（个）
改良成分	97
抗生物胁迫	97
植物产量和结构	83
抗非生物胁迫	36
育种工具	30
耐存储	21
耐除草剂	19
改良颜色或风味	17
基因驱动	17
提高肉类产量或质量	11
生殖特征	5
降低过敏性	4

第四章　全球重要物种创新产出水平分析

一、作物

（一）水稻

1. 概况分析

通过对 1992—2021 年的全球水稻总产量统计发现（图 4－1），全球水稻主要生产国为中国、印度、孟加拉国、印度尼西亚、越南、泰国等。近 30 年来，中国水稻总产量一直位居全球首位。近 10 年来，

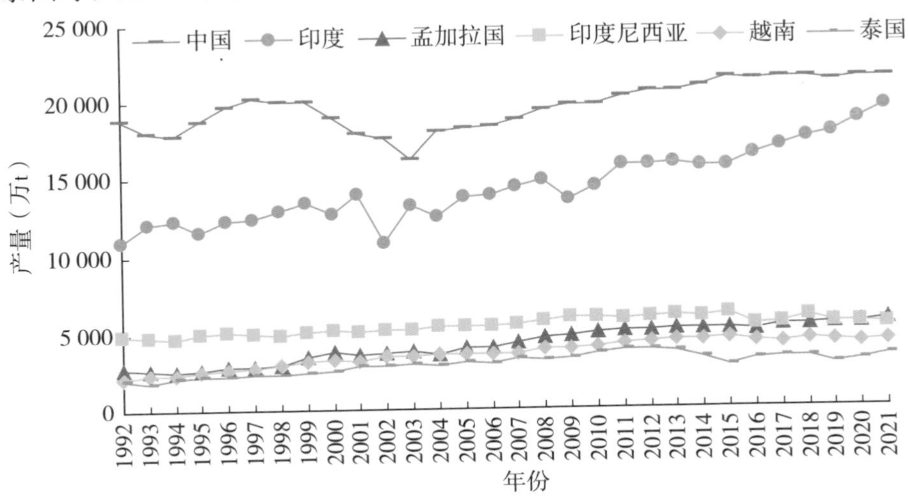

图 4－1　全球主要国家水稻产量变化趋势

印度的水稻总产量增速较快，年产量与中国的差距正在逐步缩小。

从生产水平看，全球水稻单产水平最高的国家包括埃及、乌拉圭、澳大利亚等，单产水平超过 9.4t/hm²，但因种植面积较小，总产量相对较低。综合来看，全球水稻总产和单产水平均较高的国家主要有美国、日本、中国、越南、印度尼西亚、孟加拉国等（图 4-2），这些国家的水稻单产均高于全球平均（2021 年为 4.8t/hm²）。中国水稻单产（2021 年为 7.1t/hm²）显著低于美国，略低于日本。考虑到中国的水稻总产量目前分别为美国的 24 倍和日本的 19 倍，中国单产水平与美国的差距可能和农业机械化和规模化相关，也和中国不同地域水稻单产存在明显差别相关。

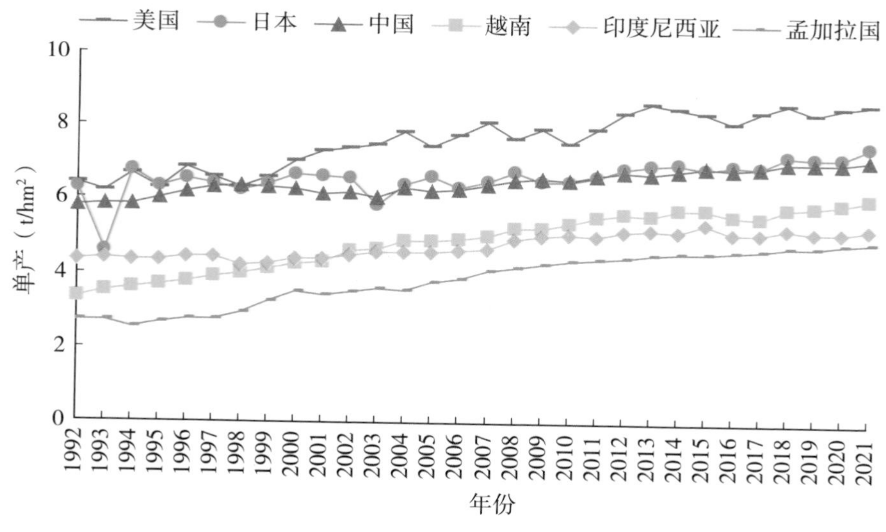

图 4-2　全球主要国家水稻单产变化趋势

2. 论文分析

1992—2021 年，全球水稻育种领域年度论文数量总体呈现快速稳定增长趋势（图 4-3）。自 1998 年以来，中国在水稻育种领域的论文总量增长迅速。2004 年以后，中国论文总量稳居世界首位，且领先优势持续扩大。2021 年，中国在水稻育种领域的论文总量位列

第一，超过全球论文总量的一半，领先优势显著，印度、日本、美国、韩国处于第二梯队。

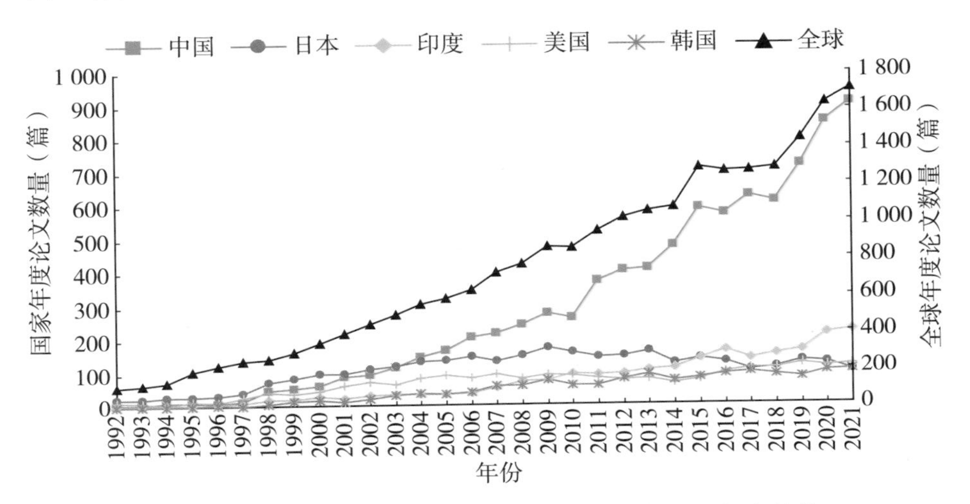

图 4－3　水稻育种领域全球和排名前五国家论文年度趋势

对水稻育种领域核心论文进行分析发现（表 4－1），中国核心论

表 4－1　水稻育种领域论文数量排名前十国家分析

排序	国家	论文数量（篇）	占全球水稻育种论文总量比例（%）	核心论文数量（篇）	核心论文占本国论文比例（%）
1	中国	8 704	39.0	624	7.2
2	日本	3 242	14.5	482	14.9
3	印度	2 235	10.0	97	4.3
4	美国	2 091	9.4	383	18.3
5	韩国	1 426	6.4	118	8.3
6	菲律宾	582	2.6	99	17.0
7	英国	339	1.5	68	20.1
8	法国	311	1.4	32	10.3
9	澳大利亚	306	1.4	46	15.0
10	德国	304	1.4	62	20.4
	全球	22 318	100.0	2 262	

文数量排名第一，日本核心论文数量排名第二，排位相对靠前，但中国核心论文占本国论文比例为7.2%，明显低于日本、美国、英国、德国、菲律宾等国家，说明总体研究质量仍有提升空间。

对水稻育种领域主要研究机构进行分析发现（表4-2），论文数量排名前十的机构有中国科学院、中国农业科学院、华中农业大学、浙江大学、日本国家农业和食品研究组织等，这其中中国机构有7家，表明中国水稻育种领域已经形成了有规模的世界级领先科研单位。从核心论文发表数量与占比看，中国科学院、日本国家农业和食品研究组织、华中农业大学、国际水稻研究所的核心论文数量处于国际第一梯队，然而中国科学院、华中农业大学等中国机构的核心论文占比普遍低于康奈尔大学、名古屋大学等美国和日本机构。

表4-2 水稻育种领域论文数量排名前十机构和核心论文数量排名前十机构

排序	论文数量排名前十机构			核心论文数量排名前十机构		
	机构	论文数量（篇）	占水稻育种论文总量比例（%）	机构	核心论文数量（篇）	核心论文占本机构论文比例（%）
1	中国科学院	1 194	5.3	中国科学院	193	16.2
2	中国农业科学院	1 060	4.7	日本国家农业和食品研究组织	106	15.6
3	华中农业大学	738	3.3	华中农业大学	105	14.2
4	浙江大学	686	3.1	国际水稻研究所	99	18.6
5	日本国家农业和食品研究组织	681	3.1	东京大学	57	20.6
6	南京农业大学	649	2.9	康奈尔大学	54	40.6
7	印度农业研究理事会	599	2.7	浙江大学	52	7.6
8	国际水稻研究所	532	2.4	加利福尼亚大学	45	21.6
9	华南农业大学	347	1.6	南京农业大学	42	6.5
10	武汉大学	320	1.4	名古屋大学	37	21.4
	全球	22 318	100.0	全球	2 262	

3. 专利分析

从全球水稻育种领域年度专利数量分析发现（图 4－4），水稻育种领域专利申请总体呈现增加趋势，尤其是自 2002 年以来，增长速度加快。中国是水稻育种领域专利的主要持有国家，持有专利占全球专利总量的 77.38%。

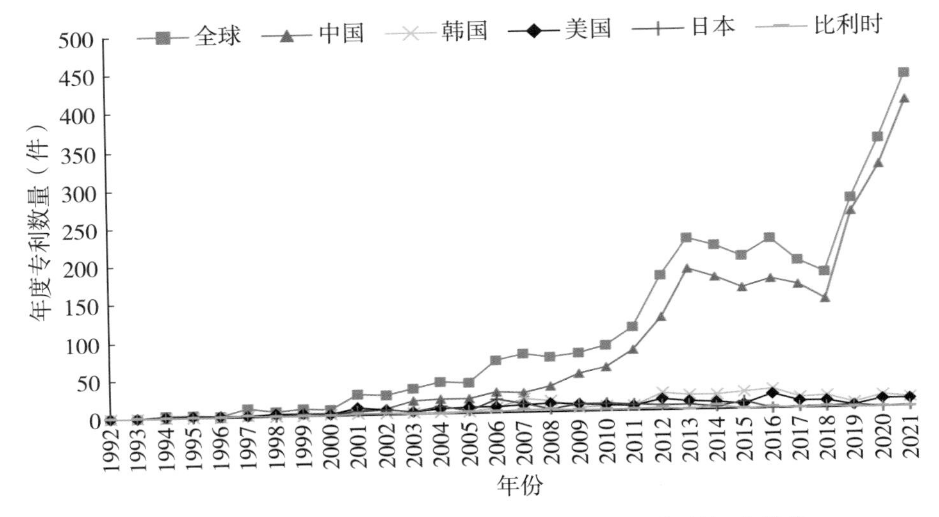

图 4－4　水稻育种领域全球和排名前五国家专利年度趋势

从核心专利角度分析发现（表 4－3），中国和美国拥有的核心专利最多，分别为 128 件和 125 件，均占全球水稻育种领域核心专利总量的近 30%。然而，中国的核心专利数量占本国专利总量的比例仅为 5.15%，美国则高达 60.39%，表明中国水稻育种领域核心专利水平仍有较大提升空间。

从水稻育种领域专利申请机构分析发现（表 4－4），中国科研机构是专利申请的主体，专利总量排名前十机构中有 9 家来自中国，中国农业科学院与中国科学院分列第一和第二。然而，核心专利排名前十机构中，中国仅有中国科学院与中国农业科学院 2 家入选；拜耳高居榜首，是唯一进入专利总量前十的企业，且其全球专利布局十分广泛。

表 4-3　水稻育种领域专利总量排名前十国家/地区分析

排序	国家/地区	专利总量（件）	占全球专利总量比例（%）	专利布局广度（同族国家数均值）	核心专利数量（件）	核心专利占全球核心专利总量比例（%）	核心专利占国家专利总量比例（%）
1	中国	2 484	77.38	1.18	128	29.56	5.15
2	韩国	242	7.54	1.38	38	8.78	15.70
3	美国	207	6.45	3.38	125	28.87	60.39
4	日本	129	4.02	5.23	60	13.86	46.51
5	比利时	29	0.90	6.45	25	5.77	86.21
6	澳大利亚	21	0.65	6.33	16	3.70	76.19
7	法国	18	0.56	9.33	10	2.31	55.56
8	德国	12	0.37	3.67	9	2.08	75.00
9	中国台湾	12	0.37	2.58	4	0.92	33.33
10	英国	10	0.31	6.80	8	1.85	80.00
10	印度	10	0.31	5.70	5	1.15	50.00
	全球	3 210	100.00	1.71	433	100.00	13.49

表 4-4　水稻育种领域专利总量排名前十机构和核心专利数量排名前十机构

排序	专利总量排名前十机构				核心专利数量排名前十机构		
	机构	专利总量（件）	占全球专利总量比例（%）	专利布局广度	机构	核心专利数量（件）	核心专利占全球核心专利总量比例（%）
1	中国农业科学院	307	9.56	1.07	拜耳	45	10.39
2	中国科学院	246	7.66	1.58	中国科学院	31	7.16
3	华中农业大学	186	5.79	1.53	美国水稻技术公司	21	4.85
4	浙江大学	105	3.27	1.19	路易斯安那州立大学	20	4.62

（续）

排序	专利总量排名前十机构				核心专利数量排名前十机构		
	机构	专利总量（件）	占全球专利总量比例（%）	专利布局广度	机构	核心专利数量（件）	核心专利占全球核心专利总量比例（%）
5	南京农业大学	88	2.74	1.02	巴斯夫	14	3.23
6	安徽省农业科学院	77	2.40	1.08	中国农业科学院	13	3.00
7	华南农业大学	71	2.21	1.01	日本国家农业和食品研究组织	13	3.00
8	江苏省农业科学院	59	1.84	1.00	加利福尼亚合作水稻研究基金会	11	2.54
9	中国农业大学	59	1.84	1.03	澳大利亚联邦科学与工业研究组织	11	2.54
10	拜耳	59	1.84	5.27	韩国农村振兴厅	10	2.31
10					阿肯色大学	10	2.31
	全球	3 210	100.00	1.71	全球	433	100.00

4. 品种审定分析

2017—2021 年，中国共审定水稻品种 7 201 个。水稻品种审定数量排名前十的申请机构中有 6 家为企业，占中国近 5 年水稻审定品种总量的 17.2%（表 4－5）。其中，袁隆平农业高科技股份有限公司审定数量最多，共审定品种 630 个，约占水稻总审定数量的 9%。此外，安徽荃银高科种业股份有限公司、广东省农业科学院水稻研究所审定数量在 200 个以上，北京金色农华种业科技股份有限公司、福建省农业科学院水稻研究所、中国水稻研究所审定数量均在 100 个以上。

表 4-5　水稻品种审定排名前十申请机构（2017—2021 年）

水稻审定申请机构	机构属性	审定数量（个）
袁隆平农业高科技股份有限公司	企业	630
安徽荃银高科种业股份有限公司	企业	230
广东省农业科学院水稻研究所	科研机构	226
北京金色农华种业科技股份有限公司	企业	126
福建省农业科学院水稻研究所	科研机构	116
中国水稻研究所	科研机构	110
中国种子集团有限公司	企业	99
广西恒茂农业科技有限公司	企业	84
安徽省农业科学院水稻研究所	科研机构	71
湖南希望种业科技股份有限公司	企业	71

（二）小麦

1. 概况分析

通过对 1992—2021 年的全球小麦总产量统计发现（图 4-5），

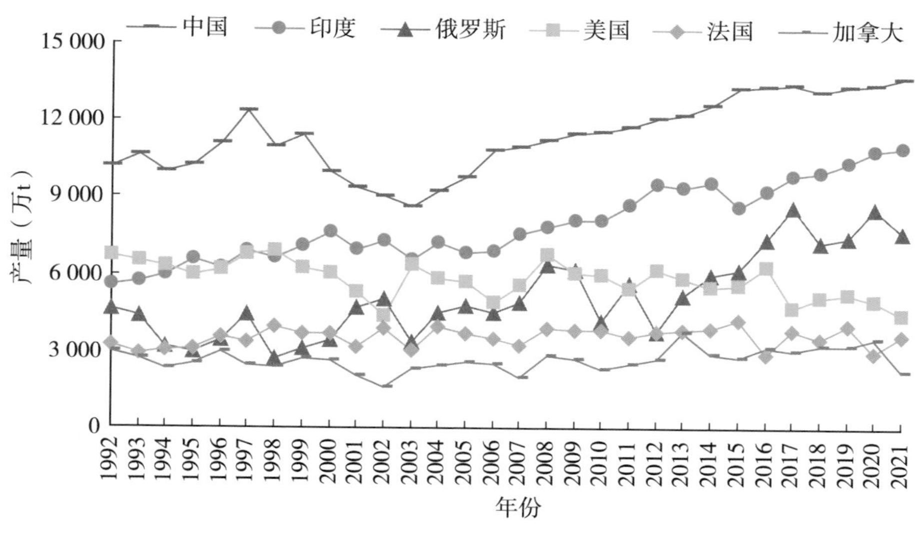

图 4-5　全球主要国家小麦产量变化趋势

全球小麦主要生产国为中国、印度、俄罗斯、美国、法国、加拿大等。近 30 年来，中国小麦总产量一直位居全球首位；近 10 年来，印度的小麦总产量增速较快，年产量稳居全球第二位。

从生产水平看，全球小麦单产水平已达到 10t/hm²。综合来看，全球小麦总产和单产水平均较高的国家主要有英国、德国、法国、埃及、中国、乌克兰等（图 4-6），这些国家的小麦单产均高于全球平均（2021 年为 3.5t/hm²）。近 30 年来，中国小麦育种水平得到较大幅度提升，小麦平均单产从 1992 年的 3.3t/hm² 提高到 2021 年的 5.8t/hm²，显著高于全球平均水平，2021 年单产约为全球平均水平的 1.7 倍。印度、俄罗斯、美国、加拿大等国家虽然也是小麦主产国，但单产相对较低，均低于全球平均水平。

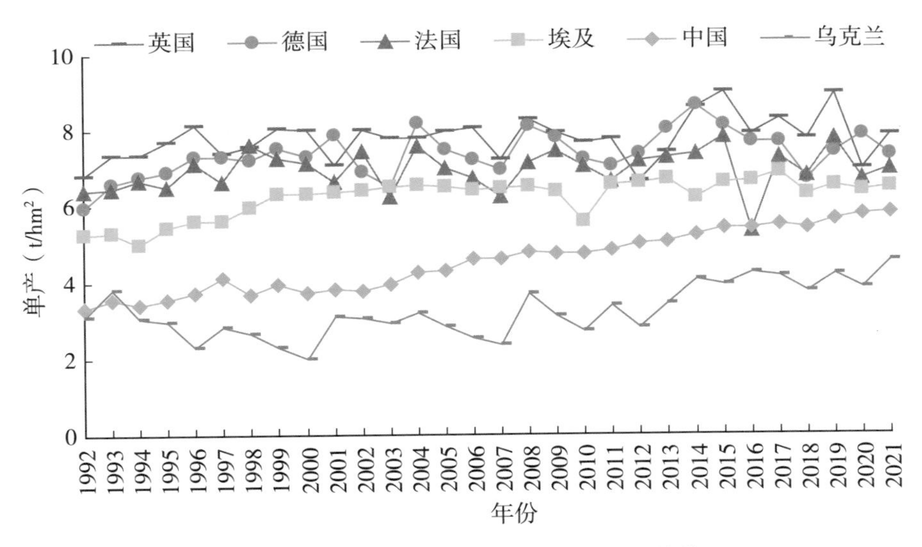

图 4-6 全球主要国家小麦单产变化趋势

2. 论文分析

1992—2021 年，全球小麦育种领域研究论文总体呈现增加趋势。中国小麦育种领域论文数量自 2004 年有了大幅度提升，2008 年之后超过美国，2021 年论文数量达到美国的 2.7 倍（图 4-7）。

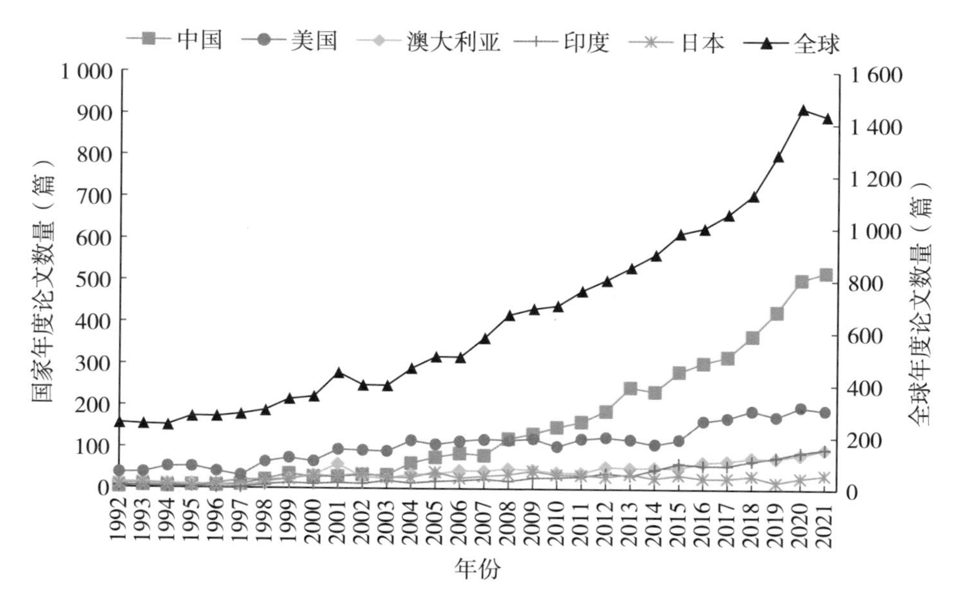

图 4－7　小麦育种领域全球和排名前五国家论文年度趋势

对核心论文进行分析发现（表 4－6），美国小麦育种领域核心论

表 4－6　小麦育种领域论文数量排名前十国家分析

排序	国家	论文数量（篇）	占全球小麦育种论文总量比例（%）	核心论文数量（篇）	核心论文占本国论文比例（%）
1	中国	4 512	22.8	245	5.4
2	美国	3 237	16.4	475	14.7
3	澳大利亚	1 246	6.3	211	16.9
4	印度	925	4.7	47	5.1
5	日本	809	4.1	77	9.5
6	英国	785	4.0	164	20.9
7	加拿大	697	3.5	81	11.6
8	德国	662	3.4	102	15.4
9	意大利	647	3.3	57	8.8
10	法国	516	2.6	91	17.6
	全球	19 750	100.0	1 996	

文数量最多，为 475 篇，占据全球小麦育种领域核心论文总量的 23.8%。中国小麦育种领域总体论文产出已经位居全球第一，核心论文数量位居全球第二，占据全球小麦育种领域核心论文总量的 12.3%，为美国的 51.6%，占本国论文比例为 5.4%。

从主要发文机构来看，美国农业部的小麦育种论文总量和核心论文数量均位居全球首位（表 4－7）。中国有 4 家机构进入排名前十发

表 4－7 小麦育种领域论文数量排名前十机构和核心论文数量排名前十机构

排序	论文数量排名前十机构			核心论文数量排名前十机构		
	机构	论文数量（篇）	占小麦育种论文总量比例（%）	机构	核心论文数量（篇）	核心论文占本机构论文比例（%）
1	美国农业部	841	4.3	美国农业部	106	12.6
2	中国农业科学院	721	3.7	澳大利亚联邦科学与工业研究组织	92	29.4
3	西北农林科技大学	530	2.7	堪萨斯州立大学	81	24.1
4	中国科学院	508	2.6	加利福尼亚大学	80	32.5
5	法国国家农业食品与环境研究院	391	2.0	中国农业科学院	75	10.4
6	四川农业大学	387	2.0	法国国家农业食品与环境研究院	71	18.2
7	国际玉米小麦改良中心	375	1.9	国际玉米小麦改良中心	67	17.9
8	堪萨斯州立大学	336	1.7	约翰英尼斯中心	63	28.0
9	俄罗斯科学院	333	1.7	加拿大农业及农业食品部	41	13.8
10	澳大利亚联邦科学与工业研究组织	313	1.6	中国科学院	37	7.3
	全球	19 750	100.0	全球	1 996	

文机构，包括中国农业科学院、西北农林科技大学、中国科学院、四川农业大学。然而，中国仅有中国农业科学院和中国科学院2家机构进入核心论文排名前十行列。从以上数字可以看出，中国研究总体力量和美国差距不大，但是核心论文竞争力还有差距。

3. 专利分析

1992—2021年，全球小麦育种领域专利数量总体呈现增加趋势，尤其是自2005年以来，增长速度加快（图4-8）。中国、美国的小麦育种专利数量位居全球前两位，专利合计占据全球小麦育种专利总量的74%左右。在核心专利方面，美国以210件位居第一，中国仅有18件，为美国的8.6%（表4-8），说明中国在核心专利方面与美国相比存在较大差距。

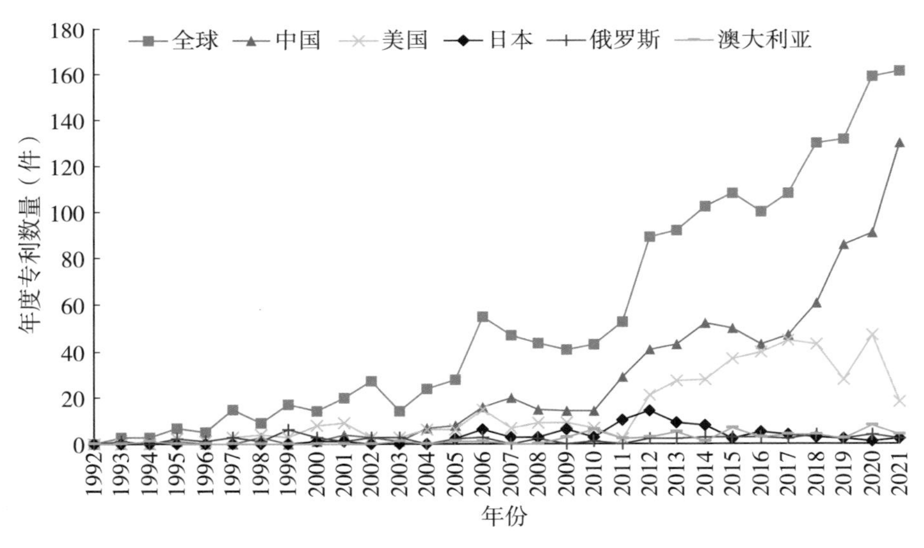

图4-8　小麦育种领域全球和排名前五国家专利年度趋势

从主要专利申请机构来看（表4-9），跨国企业在小麦育种领域具有较强实力，科迪华和拜耳的专利总量和核心专利数量均分别位居全球第一位和第二位。申请专利数量排名前十的机构中有7家中国机构，包括中国农业科学院、中国科学院、江苏省农业科学院、山东农

表 4-8 小麦育种领域专利总量排名前十国家分析

排序	国家/地区	专利总量（件）	占全球专利总量比例（%）	专利布局广度（同族国家数均值）	核心专利数量（件）	核心专利占全球核心专利总量比例（%）	核心专利占国家专利总量比例（%）
1	中国	787	47.18	1.10	18	4.48	2.29
2	美国	441	26.44	3.02	210	52.24	47.62
3	日本	85	5.10	5.22	57	14.18	67.06
4	俄罗斯	59	3.54	1.08	0	0.00	0.00
5	澳大利亚	56	3.36	6.18	39	9.70	69.64
6	德国	39	2.34	11.03	35	8.71	89.74
7	匈牙利	31	1.86	1.00	0	0.00	0.00
8	乌克兰	30	1.80	1.00	0	0.00	0.00
9	加拿大	26	1.56	5.65	20	4.98	76.92
10	英国	18	1.08	6.22	12	2.99	66.67
	全球	1 668	100.00	2.59	402	100.00	24.10

业大学、南京农业大学、四川农业大学和西北农林科技大学，但没有中国机构进入核心专利数量排名前十榜单。

表 4-9 小麦育种领域专利总量排名前十机构和核心专利数量排名前十机构

排序	专利总量排名前十机构				核心专利数量排名前十机构		
	机构	专利总量（件）	占全球专利总量比例（%）	专利布局广度	机构	核心专利数量（件）	核心专利占全球核心专利总量比例（%）
1	科迪华	204	12.23	2.16	科迪华	96	23.88
2	拜耳	156	9.35	3.62	拜耳	84	20.90
3	中国农业科学院	145	8.69	1.06	株式会社日清制粉集团本社	25	6.22

（续）

排序	专利总量排名前十机构				核心专利数量排名前十机构		
	机构	专利总量（件）	占全球专利总量比例（%）	专利布局广度	机构	核心专利数量（件）	核心专利占全球核心专利总量比例（%）
4	中国科学院	70	4.20	1.20	澳大利亚联邦科学与工业研究组织	20	4.98
5	江苏省农业科学院	47	2.82	1.00	巴斯夫	14	3.48
6	山东农业大学	43	2.58	1.70	日本国家农业和食品研究组织	14	3.48
7	南京农业大学	42	2.52	1.05	萨斯喀彻温大学	13	3.23
8	四川农业大学	40	2.40	1.00	阿凯迪亚生物科学公司	10	2.49
9	西北农林科技大学	34	2.04	1.00	利马格兰	7	1.74
10	株式会社日清制粉集团本社	28	1.68	6.57	美国氰胺公司	7	1.74
	全球	1 668	100.00	2.59	全球	402	100.00

4. 品种审定分析

2017—2021 年，中国共审定小麦品种 1 814 个。其中，小麦品种审定数量排名前十的机构全部为科研机构及高校（表 4 - 10）。其中，中国农业科学院作物科学研究所与西北农林科技大学审定数量远高于其他申请机构，分别为 60 个和 57 个；安徽省农业科学院作物研究所与河南农业大学审定数量较少，均审定了 18 个。

表 4-10 小麦品种审定排名前十申请机构

小麦审定申请机构	机构属性	审定数量（个）
中国农业科学院作物科学研究所	科研机构	60
西北农林科技大学	高校	57
河南省农业科学院小麦研究所	科研机构	29
四川省农业科学院作物研究所	科研机构	26
江苏里下河地区农业科学研究所	科研机构	25
黑龙江省农业科学院克山分院	科研机构	23
甘肃省农业科学院小麦研究所	科研机构	22
天水市农业科学研究所	科研机构	20
安徽省农业科学院作物研究所	科研机构	18
河南农业大学	高校	18

（三）玉米

1. 概况分析

通过对 1992—2021 年的全球玉米总产量统计发现（图 4-9），全

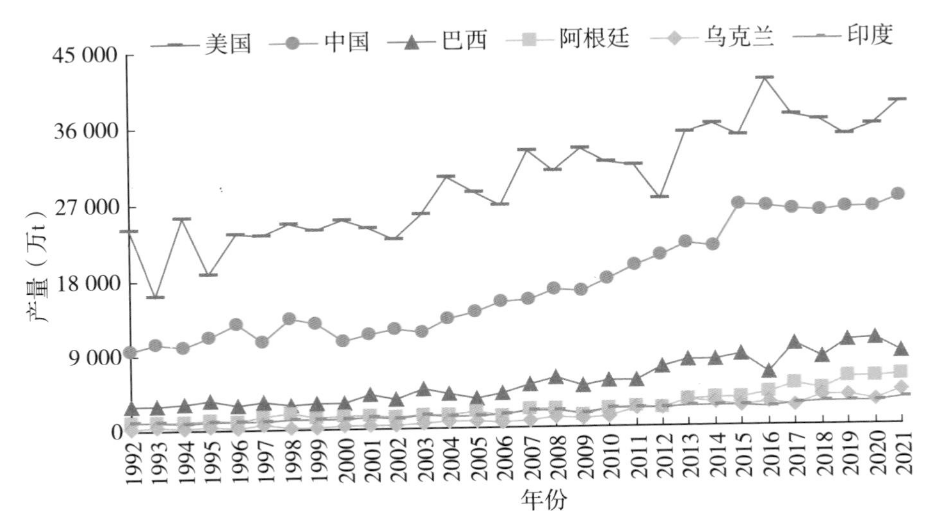

图 4-9 全球主要国家玉米产量变化趋势

球玉米主要生产国为美国、中国、巴西、阿根廷、乌克兰、印度等。近30年来，美国玉米总产量一直位居全球首位。在此期间，中国玉米总产量增速较快，始终位于全球第二，显著高于巴西、阿根廷等主产国。

从生产水平看，全球玉米单产水平已超过12t/hm²。综合来看，全球玉米总产和单产水平均较高的国家主要有美国、法国、乌克兰、阿根廷、巴基斯坦、中国等（图4-10），这些国家的玉米单产均高于全球平均（2021年为5.9t/hm²），而巴西、印度等主产国的玉米单产低于全球平均。2021年，中国玉米单产为6.3t/hm²，是全球平均水平的1.1倍。美国的玉米单产为11.1t/hm²，平均单产水平高是美国在玉米种植面积较中国略低的情况下总产量大于中国成为世界第一的主要原因。

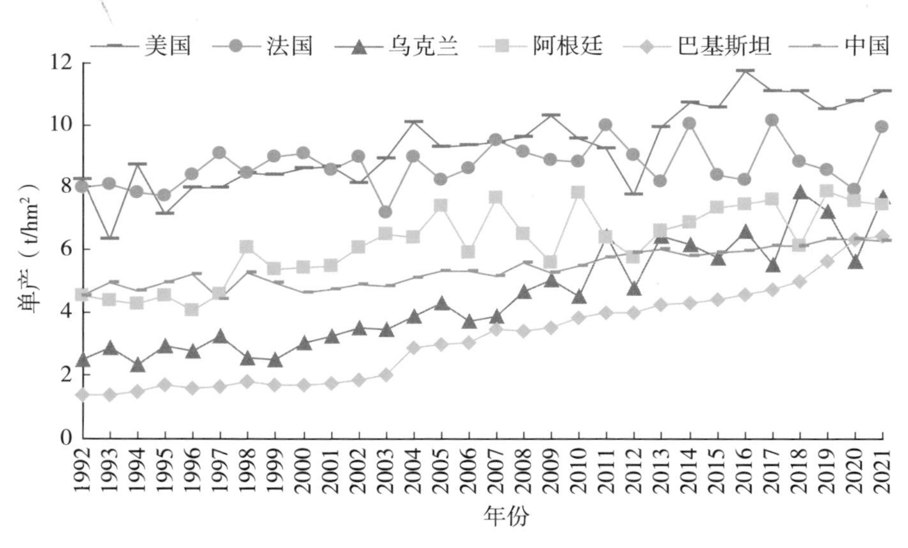

图4-10　全球主要国家玉米单产变化趋势

2. 论文分析

1992—2021年，全球玉米育种领域的年度论文数量持续增加，美国年度论文数量稳定增长。从2007年开始，中国年度论文数量持

续攀升，并于2015年连续反超美国，现已成为国际上玉米育种领域年度论文数量最多的国家（图4-11）。

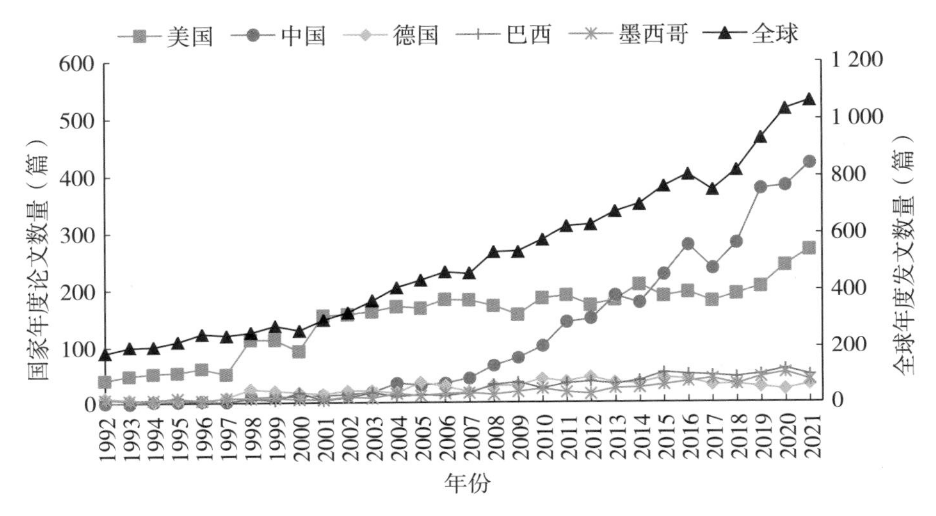

图4-11 玉米育种领域全球和排名前五国家论文年度趋势

中国玉米育种领域的核心竞争力水平与美国仍存在差距，核心论文占本国论文比例仅为4.2%，美国则高达16.1%。从核心论文数量来看，美国表现突出，其核心论文占全球核心论文总量的47.9%；中国位居第二，核心论文数量仅为美国的19.4%（表4-11）。虽然中国在玉米育种领域论文总量已逐渐占据优势，但在核心论文的水平上还与美国有很大差距。

玉米育种领域论文数量排名前十机构中，分别有4家和3家机构来自中国和美国（表4-12）。论文数量最多的机构依次是美国农业部、中国农业大学和中国农业科学院。从核心论文持有情况来看，美国机构表现突出，共7家机构进入核心论文排名前十行列，前三名分别是美国农业部、康奈尔大学和爱荷华州立大学。中国仅有中国农业大学进入核心论文排名前十榜单。总体而言，虽然中国玉米研究总体力量与美国相当，但是核心论文竞争力差距较大。

表 4－11　玉米育种领域论文数量排名前十国家分析

排序	国家	论文数量（篇）	占全球玉米育种论文总量比例（%）	核心论文数量（篇）	核心论文占本国论文比例（%）
1	美国	4 592	29.9	739	16.1
2	中国	3 372	22.0	143	4.2
3	德国	740	4.8	103	13.9
4	巴西	734	4.8	12	1.6
5	墨西哥	566	3.7	40	7.1
6	法国	449	2.9	81	18.0
7	西班牙	396	2.6	24	6.1
8	印度	383	2.5	4	1.0
9	意大利	374	2.4	42	11.2
10	英国	275	1.8	40	14.5
	全球	15 350	100.0	1 543	

表 4－12　玉米育种领域论文数量排名前十机构和核心论文数量排名前十机构

排序	论文数量排名前十机构			核心论文数量排名前十机构		
	机构	论文数量（篇）	占玉米育种论文总量比例（%）	机构	核心论文数量（篇）	核心论文占本机构论文比例（%）
1	美国农业部	674	4.4	美国农业部	69	10.2
2	中国农业大学	506	3.3	康奈尔大学	51	25.5
3	中国农业科学院	430	2.8	爱荷华州立大学	50	12.8
4	爱荷华州立大学	390	2.5	法国国家农业食品与环境研究院	44	15.9
5	法国国家农业食品与环境研究院	276	1.8	加利福尼亚大学	42	24.4
6	国际玉米小麦改良中心	253	1.6	明尼苏达大学	40	21.5

（续）

排序	论文数量排名前十机构			核心论文数量排名前十机构		
	机构	论文数量（篇）	占玉米育种论文总量比例（%）	机构	核心论文数量（篇）	核心论文占本机构论文比例（%）
7	河南农业大学	237	1.5	中国农业大学	38	7.5
8	四川农业大学	216	1.4	国际玉米小麦改良中心	36	14.2
9	西班牙高等科学研究理事会	213	1.4	密苏里大学	36	18.6
10	康奈尔大学	200	1.3	威斯康星大学	30	20.0
	全球	15 350	100.0	全球	1 543	

3. 专利分析

对 1992—2021 年全球玉米育种领域相关专利数量统计分析发现（图 4－12），全球玉米育种领域年度专利数量早期增长较缓慢，2003—2013 年为快速增长期，之后呈现波动下降趋势。美国玉米育

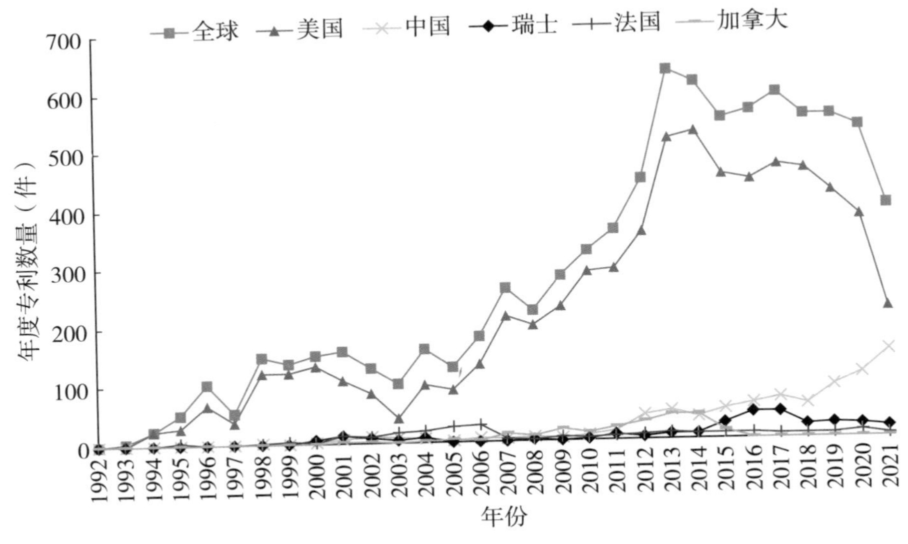

图 4－12　玉米育种领域全球和排名前五国家专利年度趋势

种领域专利占全球专利总量的78.03%，中国玉米育种领域相关专利占全球专利总量的9.60%，但是仅为美国的12.31%。以上数据说明，美国在玉米育种领域相关技术方面占有绝对优势，中国和美国还有很大差距。

从核心专利来看，美国具有绝对优势，以4 027件核心专利占据全球首位，占全球核心专利总量的88.97%；中国仅有34件，仅为美国的0.84%（表4-13）。以上数据表明，中国在专利总数和核心专利数量上均远远落后于美国，在玉米育种技术水平上还和美国有很大差距。

表4-13　玉米育种领域专利总量排名前十国家分析

排序	国家/地区	专利总量（件）	占全球专利总量比例（%）	专利布局广度（同族国家数均值）	核心专利数量（件）	核心专利占全球核心专利总量比例（%）	核心专利占国家专利总量比例（%）
1	美国	6 557	78.03	2.11	4 027	88.97	61.42
2	中国	807	9.60	1.19	34	0.75	4.21
3	瑞士	287	3.42	5.09	128	2.83	44.60
4	法国	243	2.89	2.61	84	1.86	34.57
5	加拿大	223	2.65	1.09	184	4.07	82.51
6	德国	117	1.39	3.56	64	1.41	54.70
7	奥地利	53	0.63	1.00	38	0.84	71.70
8	匈牙利	41	0.49	1.00	1	0.02	2.44
9	罗马尼亚	37	0.44	1.00	3	0.07	8.11
10	英国	32	0.38	1.47	4	0.09	12.50
	全球	8 403	100.00	2.13	4 526	100.00	53.86

从专利主要研发机构来看，企业是专利申请主体，专利数量排名前十机构中，有6家企业入围，其专利合计占全球总量的78%（表4-14）。其中，科迪华和拜耳表现突出，专利总量和核心专利数量均

位居前两位，两者专利总量合计约占全球的70%，核心专利总量约占全球的82%。先正达专利总量和核心专利数量均位居全球第三。中国玉米育种相关专利的产出机构主要是科研机构，有4家进入全球玉米育种专利总量排名前十行列，分别是中国农业大学、中国农业科学院、四川农业大学和北京市农林科学院。核心专利前十机构中，中国仅有大北农和中国农业大学入围，即使将先正达计入在内后的中国

表4-14 玉米育种领域专利总量排名前十机构和核心专利数量排名前十机构

排序	专利总量排名前十机构				核心专利数量排名前十机构		
	机构	专利总量（件）	占全球专利总量比例（%）	专利布局广度	机构	核心专利数量（件）	核心专利占全球核心专利总量比例（%）
1	科迪华	3 269	38.90	2.24	拜耳	2 003	44.26
2	拜耳	2 633	31.33	2.12	科迪华	1 719	37.98
3	先正达	473	5.63	3.54	先正达	209	4.62
4	利马格兰	125	1.49	1.10	利马格兰	32	0.71
5	中国农业大学	81	0.96	1.77	科沃施	30	0.66
6	中国农业科学院	58	0.69	1.14	Innolea公司	16	0.35
7	科沃施	42	0.50	1.05	北京大北农科技集团股份有限公司	10	0.22
8	四川农业大学	40	0.48	1.00	中国农业大学	9	0.20
9	北京市农林科学院	34	0.40	1.03	HM. CLAUSE公司	8	0.18
10	罗马尼亚丰杜莱亚国家农业研究与发展研究所	30	0.36	1.00	巴斯夫	5	0.11
10	Innolea公司	30	0.36	8.33			
	全球	8 403	100.00	2.13	全球	4 526	100.00

机构核心专利总量也仅为拜耳公司的11%左右。从以上结果说明，中国在玉米育种领域总体落后，研发机构主要来自科研单位和收购企业，民族企业的技术创新能力在国际上竞争力较低。

4. 品种审定分析

2017—2021年，中国共审定玉米品种10 913个。在玉米品种审定数量排名前十的申请机构中（表4-15），8家机构为企业，2家机构为科研机构。玉米品种审定的申请机构较为分散，各机构申请数量均在200个以下。其中，袁隆平农业高科技股份有限公司与铁岭先锋种子研究有限公司审定数量最多，均在170个以上；中种国际种子有限公司申请数量相对较少，只有68个。

表4-15 玉米品种审定排名前十申请机构

玉米审定申请机构	机构属性	审定数量（个）
袁隆平农业高科技股份有限公司	企业	176
铁岭先锋种子研究有限公司	企业	175
山东登海种业股份有限公司	企业	153
辽宁东亚种业有限公司	企业	149
广西壮族自治区农业科学院玉米研究所	科研机构	93
北京市农林科学院玉米研究中心	科研机构	86
广西兆和种业有限公司	企业	84
河南省豫玉种业股份有限公司	企业	79
吉林省鸿翔农业集团鸿翔种业有限公司	企业	78
中种国际种子有限公司	企业	68

（四）大豆

1. 概况分析

通过对1992—2021年的全球大豆总产量统计发现（图4-13），全球大豆主要生产国为巴西、美国、阿根廷、中国、印度、巴拉圭

等。长期以来，美国始终占据全球大豆第一生产国的位置，但近来已被巴西超越。中国大豆总产量位居全球第四位，但总产量仅为全球总产量的5%，且和其他国家的差距越来越大，2021年总产量仅为巴西的1/8、美国的1/7左右。

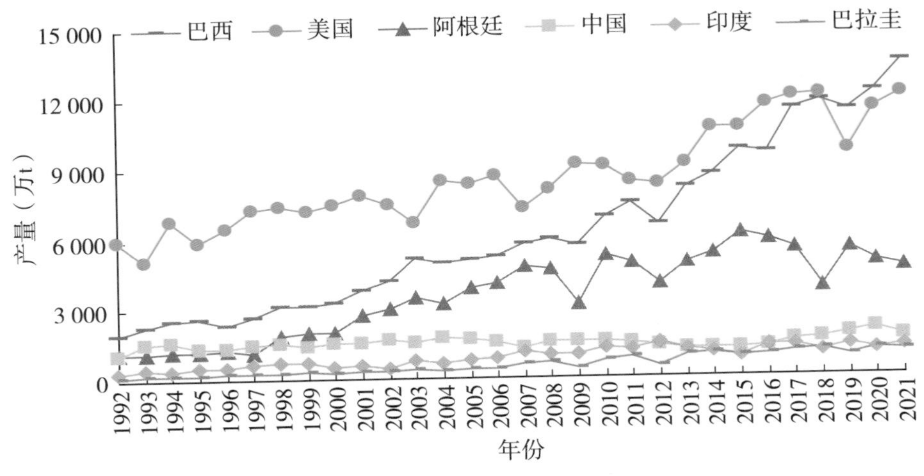

图4-13 全球主要国家大豆产量变化趋势

从生产水平看，全球大豆总产和单产水平均较高的国家主要有美国、巴西、加拿大、巴拉圭等（图4-14），这些国家的大豆单产均

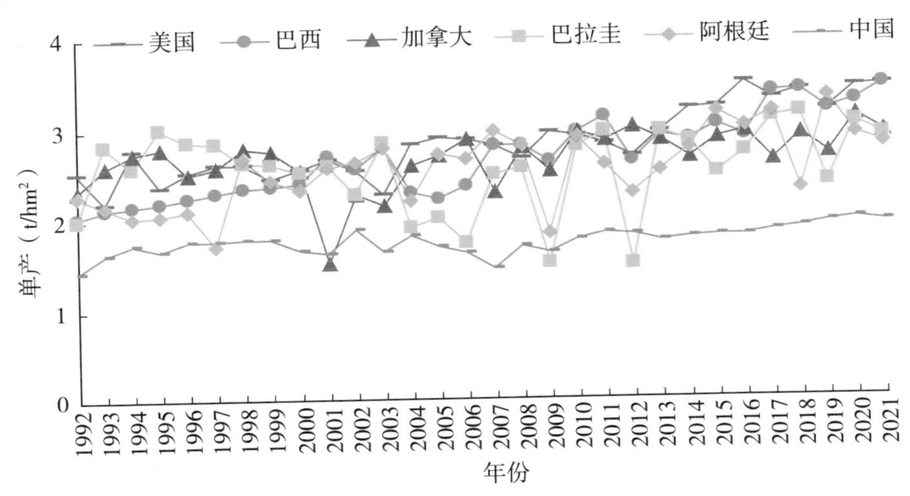

图4-14 全球主要国家大豆单产变化趋势

高于全球平均（2021 年为 2.9t/hm²）。中国大豆单产一直低于美国等主产国，也低于全球平均水平。2021 年，中国大豆单产为 2.0t/hm²，仅为全球平均水平的 69%，与美国、巴西、阿根廷、巴拉圭等主产国的大豆单产水平存在很大差距。

2. 论文分析

对 1992—2021 年全球大豆育种领域论文数量统计分析发现（图 4－15），全球大豆育种领域年度论文数量总体呈现增加趋势，尤其是自 2000 年以来，增长速度更快。在 1992—2012 年，美国一直是大豆研究的主要产出国。中国大豆育种领域相关研究论文发表数量自 2010 年有了大幅度提升，并于 2016 年连续反超美国，2021 年论文数量达到美国的 2.6 倍。

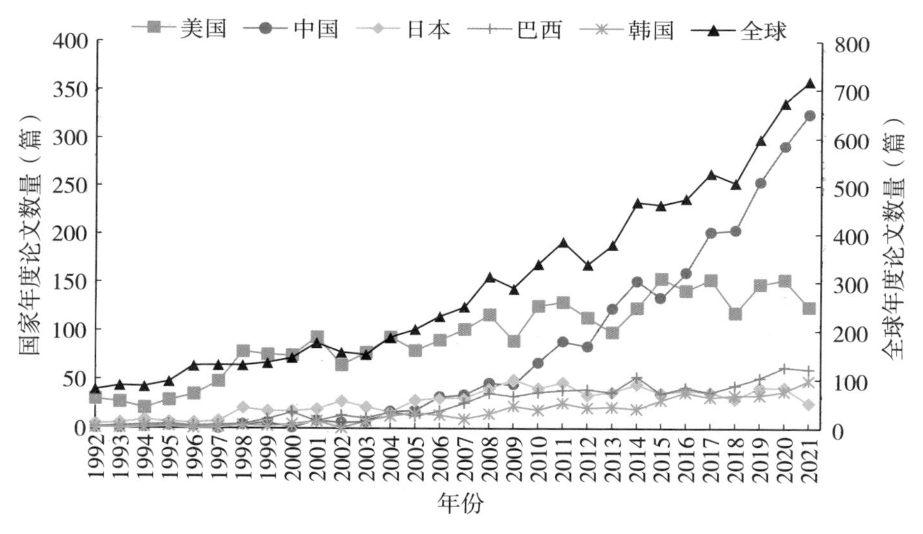

图 4－15 大豆育种领域全球和排名前五国家论文年度趋势

从核心论文数量来看（表 4－16），美国具有绝对优势，核心论文数量为 399 篇，占全球核心论文总量的 44.7%，占本国论文的比例为 14.3%。中国大豆育种领域核心论文为 137 篇，仅为美国核心论文的 34%左右，核心论文占本国论文的比例为 5.9%，说明中国在

核心论文的竞争力上与美国具有较大差距。

表 4-16 大豆育种领域论文数量排名前十国家分析

排序	国家	论文数量（篇）	占全球大豆育种论文总量比例（%）	核心论文数量（篇）	核心论文占本国论文比例（%）
1	美国	2 797	31.6	399	14.3
2	中国	2 328	26.3	137	5.9
3	日本	797	9.0	98	12.3
4	巴西	746	8.4	30	4.0
5	韩国	463	5.2	23	5.0
6	加拿大	239	2.7	22	9.2
7	印度	231	2.6	0	0.0
8	阿根廷	104	1.2	9	8.7
9	澳大利亚	98	1.1	17	17.3
10	德国	83	0.9	15	18.1
	全球	8 857	100.0	892	

从主要机构来看（表 4-17），大豆育种领域排名前十机构主要来自美国和中国，各有 4 家机构入围。美国主要研究机构包括美国农业部、伊利诺伊大学、密苏里大学、爱荷华州立大学；中国主要研究机构包括南京农业大学、中国农业科学院、东北农业大学、中国科学院。核心论文数量排名前十的机构中，中国有 2 家机构入围，即中国科学院和中国农业科学院。从每家机构核心论文数量占本机构总论文数量比例来看，美国 4 家机构的比例均超过 12%；中国机构中，中国科学院的核心论文数量占本机构论文总量的比例为 13.0%，接近美国水平；中国农业科学院这一比例较低，仅为 6.8%。

总体而言，美国一直注重大豆育种相关研究。中国自 2010 年后，大豆育种研究总量有了大幅度提升，现在总体年产出超过美国，2021

表 4-17 大豆育种领域论文数量排名前十机构和核心论文数量排名前十机构

排序	论文数量排名前十机构			核心论文数量排名前十机构		
	机构	论文数量（篇）	占大豆育种论文总量比例（%）	机构	核心论文数量（篇）	核心论文占本机构论文比例（%）
1	美国农业部	582	6.6	美国农业部	83	14.3
2	南京农业大学	411	4.6	密苏里大学	45	18.1
3	中国农业科学院	324	3.7	伊利诺伊大学	38	14.5
4	东北农业大学	278	3.1	中国科学院	31	13.0
5	伊利诺伊大学	262	3.0	中国农业科学院	22	6.8
6	密苏里大学	249	2.8	爱荷华州立大学	22	12.2
7	中国科学院	238	2.7	韩国国家作物科学研究所	22	19.8
8	爱荷华州立大学	180	2.0	内布拉斯加大学	16	20.8
9	日本国家农业和食品研究组织	175	2.0	日本国家农业和食品研究组织	15	8.6
10	巴西国家农业研究公司	150	1.7	佐治亚大学	15	13.3
10				弗吉尼亚理工学院暨州立大学	15	24.2
	全球	8 857	100.0	全球	892	

年论文数量达到美国的 2.6 倍；但是在核心论文竞争力上和美国还有较大差距，仅为美国的 1/3。在单家研发机构的科研水平上，中国机构有待于进一步提升核心竞争力。

3. 专利分析

从全球大豆育种领域年度专利数量分析发现（图 4-16），大豆育种领域专利数量总体呈现增加趋势，尤其是自 2003 年以来，增长速度加快。美国一直是大豆育种领域专利的主要持有国家，占全球专

利总量的 84.16%。虽然中国大豆育种领域相关专利总量位居全球第二，但仅为美国的 9%。

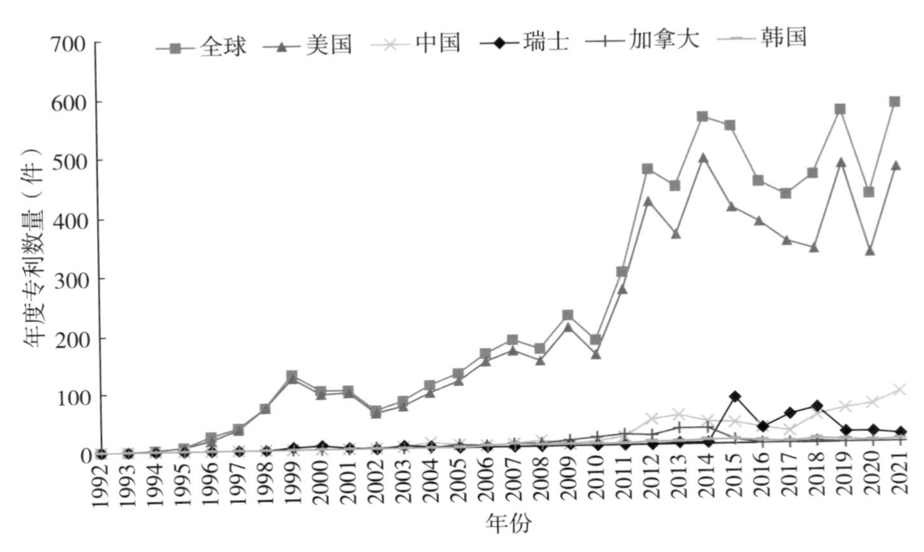

图 4-16 大豆育种领域全球和排名前五国家专利年度趋势

从核心专利角度分析发现（表 4-18），美国总体处于绝对优势，占据全球大豆育种领域核心专利总量的 93.62%，核心专利占本国大豆育种领域专利总量的 54.43%。中国大豆育种领域核心专利仅 22 件，占本国专利总量的比例也较低，仅为 4.12%。以上数据说明，中国无论在专利总数还是核心专利数量上都远远落后于美国。

从专利研发机构来看（表 4-19），大豆育种领域相关专利主要掌握在国外企业手中，5 家国外企业入围全球专利数量前十行列，其专利总数占全球的 86%。其中，拜耳和科迪华的专利数量位居全球前两位，两者之和占全球大豆育种相关专利总数的近 64%。中国有 4 家机构入围专利数量前十行列，包括中国农业科学院、南京农业大学、中国科学院、吉林省农业科学院。4 家机构专利总和仅占全球的 3.5%，仅为拜耳一个公司的 9%，没有中国机构进入全球核心专利排名前十行列。

表 4-18　大豆育种领域专利总量排名前十国家分析

排序	国家/地区	专利总量（件）	占全球专利总量比例（%）	专利布局广度（同族国家数均值）	核心专利数量（件）	核心专利占全球核心专利总量比例（%）	核心专利占国家专利总量比例（%）
1	美国	5 877	84.16	1.88	3 199	93.62	54.43
2	中国	534	7.65	1.20	22	0.64	4.12
3	瑞士	295	4.22	2.13	77	2.25	26.10
4	加拿大	138	1.98	1.20	104	3.04	75.36
5	韩国	66	0.95	1.32	9	0.26	13.64
6	日本	32	0.46	3.09	17	0.50	53.13
7	德国	31	0.44	6.00	22	0.64	70.97
8	巴西	31	0.44	4.61	19	0.56	61.29
9	俄罗斯	17	0.24	1.06	2	0.06	11.76
10	比利时	15	0.21	12.80	12	0.35	80.00
	全球	6 983	100.00	1.88	3 417	100.00	48.93

表 4-19　大豆育种领域专利总量排名前十机构和核心专利数量排名前十机构

排序	专利总量排名前十机构				核心专利数量排名前十机构		
	机构	专利总量（件）	占全球专利总量比例（%）	专利布局广度	机构	核心专利数量（件）	核心专利占全球核心专利总量比例（%）
1	拜耳	2 714	38.87	1.73	拜耳	1 699	49.72
2	科迪华	1 740	24.92	2.38	科迪华	885	25.90
3	斯泰种业	790	11.31	1.01	斯泰种业	548	16.04
4	MS 技术公司	578	8.28	1.58	MS 技术公司	239	6.99
5	先正达	448	6.42	1.85	Mertec 公司	156	4.57

（续）

排序	专利总量排名前十机构				核心专利数量排名前十机构		
	机构	专利总量（件）	占全球专利总量比例（%）	专利布局广度	机构	核心专利数量（件）	核心专利占全球核心专利总量比例（%）
6	Mertec公司	210	3.01	1.00	先正达	150	4.39
7	中国农业科学院	104	1.49	1.09	巴斯夫	25	0.73
8	南京农业大学	55	0.79	1.00	Venture Lending & Leasing IX 基金	13	0.38
9	中国科学院	49	0.70	1.02	美国农业部	12	0.35
10	吉林省农业科学院	38	0.54	1.37	Soygenetics公司	11	0.32
	全球	6 983	100.00	1.88	全球	3 417	100.00

总体而言，无论从专利总体数量还是核心专利数量角度，美国在大豆育种相关技术方面占有绝对优势。中国在大豆育种相关技术领域总体落后，与美国还有很大差距，专利数量为美国的9%，核心专利数量仅为美国的0.7%。美国专利的主要拥有者为跨国企业，而中国主要来自科研单位，说明在大豆育种领域中外研发模式有很大不同。

4.品种审定分析

2017—2021年，中国共审定大豆品种1 363个。大豆品种审定数量排名前十的申请机构主要以科研机构与高校为主，企业较少（表4-20）。其中，吉林省农业科学院审定大豆品种83个，是审定数量最多的机构，其余机构审定数量均少于60个；南京农业大学、山东圣丰种业科技有限公司、黑龙江省农垦科学院农作物开发研究所、辽宁省农业科学院作物研究所审定数量相对较少，均少于30个。

表 4 - 20　大豆品种审定排名前十申请机构

大豆审定申请机构	机构属性	审定数量（个）
吉林省农业科学院	科研机构	83
北大荒垦丰种业股份有限公司	企业	59
中国农业科学院作物科学研究所	科研机构	58
黑龙江省农业科学院佳木斯分院	科研机构	45
黑龙江省农业科学院大豆研究所	科研机构	38
铁岭市农业科学院	科研机构	35
南京农业大学	高校	29
山东圣丰种业科技有限公司	企业	28
黑龙江省农垦科学院农作物开发研究所	科研机构	27
辽宁省农业科学院作物研究所	科研机构	26

（五）蔬菜

1. 概况分析

通过对 1992—2021 年全球蔬菜总产量统计发现（图 4 - 17），全球蔬菜主要生产国为中国、印度、美国、土耳其、越南、尼日利亚

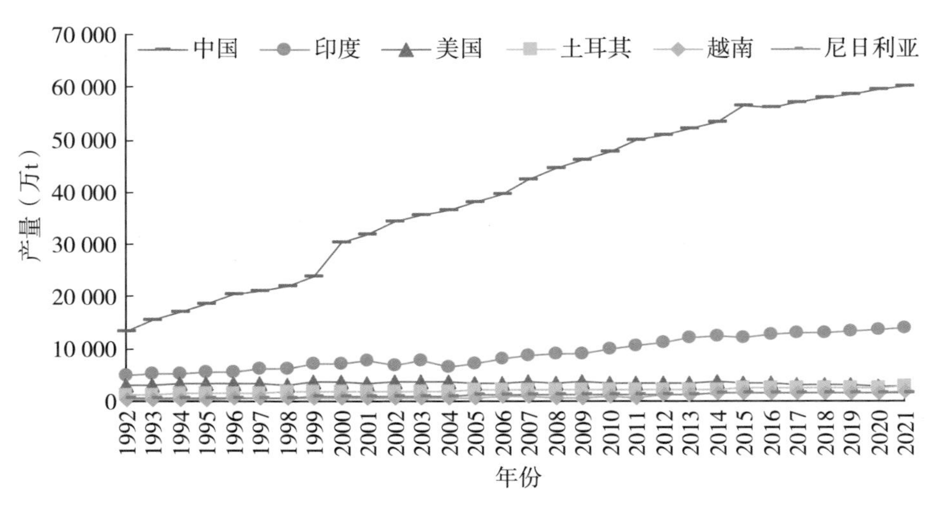

图 4 - 17　全球主要国家蔬菜产量变化趋势

等。中国是全球第一大蔬菜生产国，2021 年中国蔬菜总产量达到 6 亿 t，占世界总产量的 52.2%，超过全球半数，远高于处于第二位的印度。2021 年，全球产量排名前十位的蔬菜种类依次为番茄、洋葱、黄瓜、白菜、茄子、蘑菇、胡萝卜、辣椒、菠菜和大蒜。其中，番茄总产量为 1.9 亿 t，占全球蔬菜总产量的 16.5%。

从生产水平看，全球蔬菜单产水平最高的国家是马耳他，已超过 100t/hm²，但因国土面积小，总产量并不高。综合来看，蔬菜总产和单产水平均较高的国家主要有西班牙、土耳其、意大利、美国、俄罗斯、中国等（图 4-18），这些国家的蔬菜单产均高于全球平均水平（2021 年为 19.9t/hm²），而印度、越南、尼日利亚等主产国的蔬菜单产低于全球平均水平。中国蔬菜单产水平提升较慢，2015 年以来，中国蔬菜单产水平已被俄罗斯超越，2021 年两者依次为 25.7t/hm² 和 27.6t/hm²。

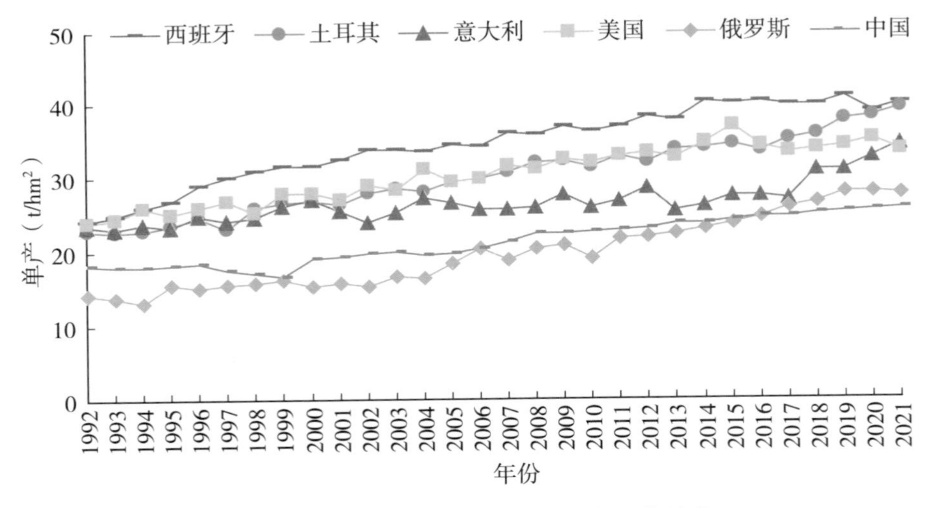

图 4-18 全球主要国家蔬菜单产变化趋势

2. 论文分析

对 1992—2021 年全球蔬菜育种领域论文数量统计分析发现（图 4-19），全球蔬菜育种领域年度论文数量呈持续增加趋势。美国一直是蔬菜育种领域研究的主要国家。中国相关领域的论文数量自 2006

年后呈爆发式增长，2011 年超过美国跃居全球第一，2021 年论文数量为美国的 3.5 倍。

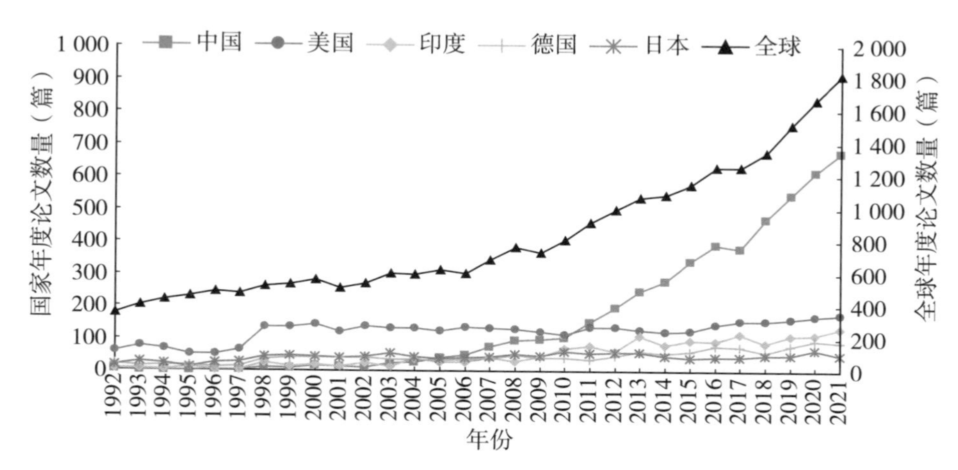

图 4－19　蔬菜育种领域全球和排名前五国家论文年度趋势

对核心论文分析发现（表 4－21），美国核心论文数量位居全球

表 4－21　蔬菜育种领域论文数量排名前十国家分析

排序	国家	论文数量（篇）	占全球蔬菜育种论文总量比例（%）	核心论文数量（篇）	核心论文占本国论文比例（%）
1	中国	4 909	19.7	204	4.2
2	美国	3 917	15.7	627	16.0
3	印度	1 502	6.0	35	2.3
4	日本	1 319	5.3	122	9.2
5	韩国	1 218	4.9	44	3.6
6	英国	895	3.6	208	23.2
7	德国	882	3.5	199	22.6
8	西班牙	849	3.4	94	11.1
9	荷兰	772	3.1	152	19.7
10	意大利	715	2.9	58	8.1
	全球	24 926	100.0	2 538	

第一，而且领先优势明显。中国核心论文数量位居全球第三，与英国（排名第二）十分接近，但与美国还存在较大差距，约为美国的1/3。

从科研机构分析发现（表4-22），蔬菜育种领域论文数量排名

表4-22 蔬菜育种领域论文数量排名前十机构和核心论文数量排名前十机构

排序	论文数量排名前十机构			核心论文数量排名前十机构		
	机构	论文数量（篇）	占蔬菜育种论文总量比例（%）	机构	核心论文数量（篇）	核心论文占本机构论文比例（%）
1	美国农业部	811	3.3	康奈尔大学	109	30.3
2	中国农业科学院	447	1.8	法国国家农业食品与环境研究院	87	21.1
3	瓦赫宁根大学及研究中心	446	1.8	美国农业部	83	10.2
4	印度农业研究理事会	420	1.7	加利福尼亚大学	74	24.7
5	法国国家农业食品与环境研究院	413	1.7	瓦赫宁根大学及研究中心	66	14.8
6	南京农业大学	386	1.5	西班牙高等科学研究理事会	64	20.3
7	康奈尔大学	360	1.4	威斯康星大学	42	13.8
8	西班牙高等科学研究理事会	316	1.3	苏格兰作物研究所	38	18.7
9	威斯康星大学	305	1.2	密歇根州立大学	33	19.2
10	中国科学院	303	1.2	佛罗里达大学	33	22.6
	全球	24 926	100.0	全球	2 538	

前十的机构中有 3 家来自美国，包括美国农业部、康奈尔大学、威斯康星大学；有 3 家来自中国，包括中国农业科学院、南京农业大学和中国科学院；另外 4 家为荷兰瓦赫宁根大学及研究中心、印度农业研究理事会、法国国家农业食品与环境研究院、西班牙高等科学研究理事会。从核心论文数量排名前十的机构来看，中国没有机构进入前十行列。

3. 专利分析

对 1992—2021 年全球蔬菜育种领域专利分析发现（图 4－20），全球蔬菜育种领域年度专利数量总体呈增加趋势。从 2010 年开始，中国专利数量一直维持在全球第一位，2021 年为 225 件，约占当年全球总量的 2/3。

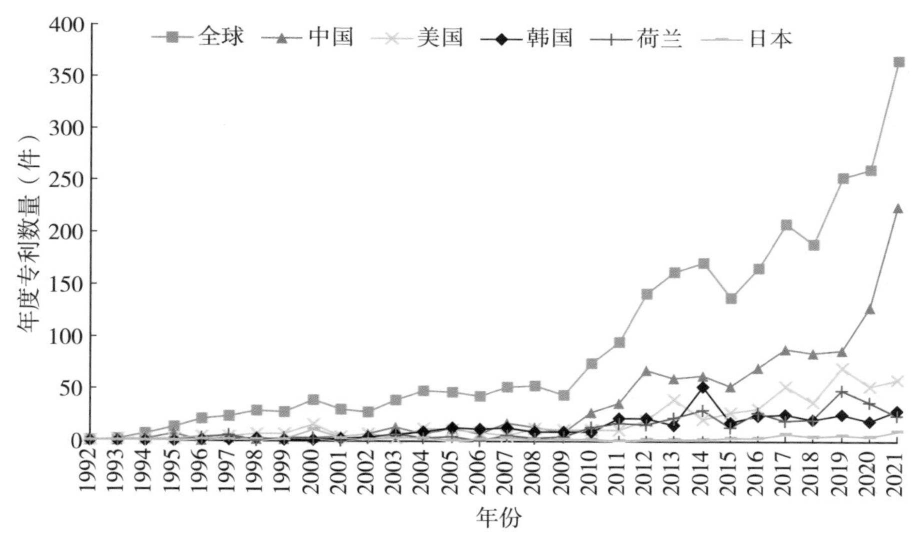

图 4－20　蔬菜育种领域全球和排名前五国家专利年度趋势

对蔬菜育种领域核心专利统计分析发现（表 4－23），美国和荷兰优势明显，两者共计约占全球核心专利总量的 70%，且荷兰重视技术全球布局，其专利布局广度达 6.81。中国的核心专利数量仅 14 件，仅为美国的 5%，专利布局广度仅为荷兰的 1/6 左右。

表 4-23 蔬菜育种领域专利总量排名前十国家分析

排序	国家/地区	专利总量（件）	占全球专利总量比例（%）	专利布局广度（同族国家数均值）	核心专利数量（件）	核心专利占全球核心专利总量比例（%）	核心专利占国家专利总量比例（%）
1	中国	1 095	39.63	1.05	14	2.17	1.28
2	美国	539	19.51	2.52	263	40.84	48.79
3	韩国	368	13.32	1.30	45	6.99	12.23
4	荷兰	326	11.80	6.81	187	29.04	57.36
5	日本	66	2.39	5.44	27	4.19	40.91
6	俄罗斯	58	2.10	1.00	1	0.16	1.72
7	西班牙	43	1.56	2.88	18	2.80	41.86
8	乌克兰	31	1.12	1.00	0	0.00	0.00
9	罗马尼亚	30	1.09	1.00	0	0.00	0.00
10	澳大利亚	29	1.05	7.55	19	2.95	65.52
	全球	2 763	100.00	2.53	644	100.00	23.31

从科研机构分析发现（表 4-24），蔬菜育种领域专利申请主体

表 4-24 蔬菜育种领域专利总量排名前十机构和核心专利数量排名前十机构

排序	专利总量排名前十机构				核心专利数量排名前十机构		
	机构	专利总量（件）	占全球专利总量比例（%）	专利布局广度	机构	核心专利数量（件）	核心专利占全球核心专利总量比例（%）
1	拜耳	388	14.04	3.35	拜耳	230	35.71
2	巴斯夫	85	3.08	5.52	瑞克斯旺	45	6.99
3	瑞克斯旺	84	3.04	5.19	巴斯夫	39	6.06
4	中国农业科学院	81	2.93	1.00	先正达	30	4.66
5	北京市农林科学院	66	2.39	1.05	辛普劳公司	17	2.64

（续）

排序	专利总量排名前十机构				核心专利数量排名前十机构		
	机构	专利总量（件）	占全球专利总量比例（%）	专利布局广度	机构	核心专利数量（件）	核心专利占全球核心专利总量比例（%）
6	南京农业大学	55	1.99	1.07	荷兰必久	16	2.48
7	韩国生物科学与生物技术研究所	44	1.59	1.27	百事公司	11	1.71
8	江苏省农业科学院	42	1.52	1.05	韩国生物科学与生物技术研究所	7	1.09
9	安莎	42	1.52	6.81	HM. CLAUSE公司	7	1.09
10	华中农业大学	41	1.48	1.00	科迪华	6	0.93
10	先正达	41	1.48	6.78			
	全球	2 763	100.00	2.53	全球	644	100.00

为企业，有5家企业进入专利数量排名前十行列，其专利总和占全球的23%。其中，拜耳优势明显，掌握了全球14.04%的专利，其专利总量和核心专利数量均位居全球首位。国内有5家机构进入专利数量排名前十行列，包括中国农业科学院、北京市农林科学院、南京农业大学、江苏省农业科学院、华中农业大学，但没有机构进入核心专利数量排名前十行列。

二、饲草

（一）苜蓿

1. 概况分析

苜蓿喜温暖地区，在北半球大致成带状分布，美国、加拿大、意

大利、法国、西班牙、俄罗斯南部和中国是苜蓿主产区；南半球只有部分国家有较大规模的种植，阿根廷、智利、南非、澳大利亚和新西兰种植较多。

2014 年，中国已成为全球仅次于美国的第二大苜蓿种植国，种植面积占全球种植总面积的 15%，阿根廷、俄罗斯、意大利、加拿大、法国、澳大利亚、匈牙利和保加利亚依次占据了第三至十的位置。其中，美国种植面积占到全球 1/3；中国、阿根廷和俄罗斯三国共计占了近 1/3。2014 年，全球苜蓿草产量达到 1.380 亿 t。其中，北美洲 6 333 万 t、欧洲 3 277 万 t、南美洲 2 755 万 t、大洋洲 666 万 t、亚洲 628 万 t、非洲 136 万 t（图 4-21）。

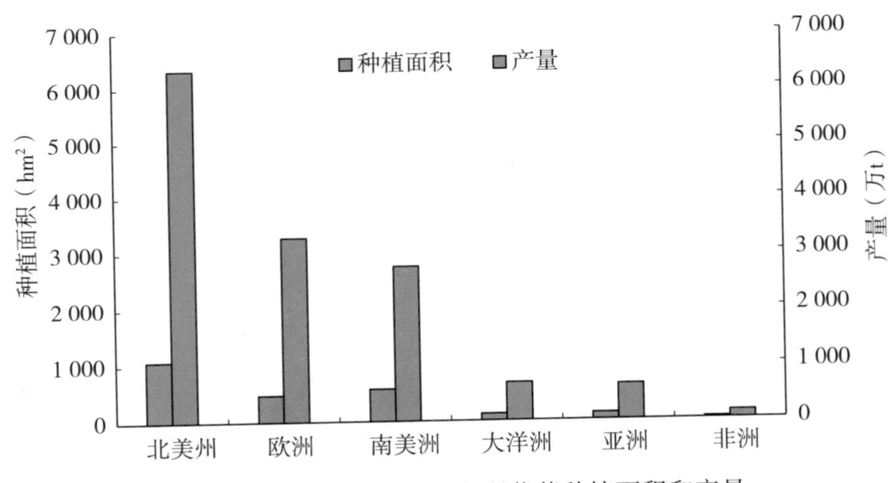

图 4-21　2014 年全球各大洲苜蓿种植面积和产量

2008—2012 年，中国苜蓿干草平均单产水平为 6.3t/hm^2，约为美国苜蓿干草平均单产水平的 76.8%。2015 年，中国苜蓿干草单产增长到 6.8t/hm^2，优质苜蓿干草单产为 8.4t/hm^2，而国外优质苜蓿干草单产可达到 20t/hm^2。中国优质苜蓿干草单产与国外差距仍然很大。

2. 论文分析

1992—2021 年，全球苜蓿育种领域年度论文数量总体呈波动增长趋势。美国是苜蓿育种领域发文最多的国家，并在早期占据较大优势。自 2010 年以来，中国苜蓿育种领域研究论文发表数量增速加快，并于 2016 年超过美国，持续保持全球年度最高论文数量，目前以 555 篇位居全球第二位（图 4－22）。

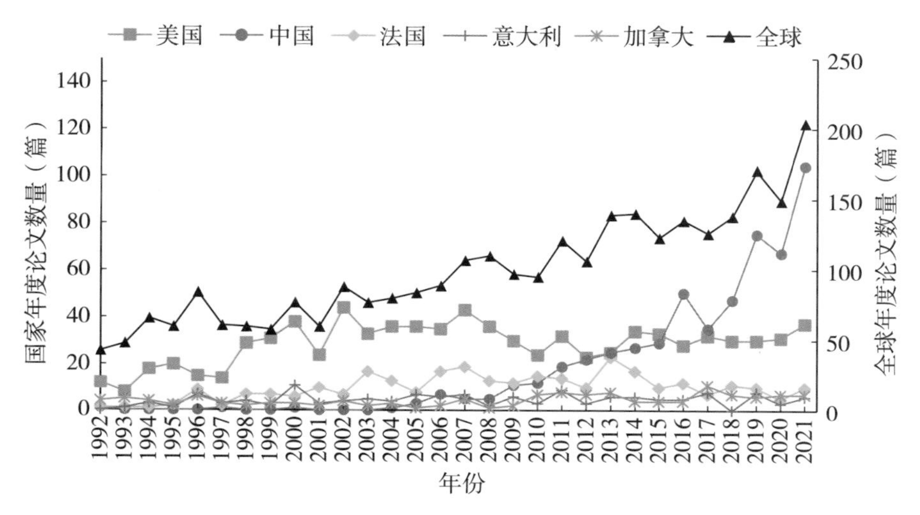

图 4－22　苜蓿育种领域全球和排名前五国家论文年度趋势

对核心论文分析发现，美国的核心论文数量为 121 篇，远超其他国家，占全球核心论文总量的 39.8%；中国的核心论文数量为 22 篇，占全球核心论文总量的 7.2%，占本国论文比例为 4.0%，仅为美国核心论文的 18.2%（表 4－25）。

从主要研发机构来看（表 4－26），该领域论文数量排名前十机构主要来自美国、法国、中国、加拿大和西班牙。其中，美国农业部农业研究局和法国国家农业食品与环境研究院表现突出，分别位居全球第一位和第二位。从机构核心论文数量看，核心论文数量排名前十机构中有 7 家美国机构，塞缪尔·罗伯茨·诺贝尔基金会和法国国家科学研究中心表现突出，位居全球前两位。中国机构中，中国农业科学院、中国科学院、兰州大学三家机构进入论文数量排名前十行列，南京农业大学进入核心论文数量排名前十行列。

表 4－25　苜蓿育种领域论文数量排名前十国家分析

排序	国家	论文数量（篇）	占全球苜蓿育种论文总量比例（%）	核心论文数量（篇）	核心论文占本国论文比例（%）
1	美国	864	28.7	121	14.0
2	中国	555	18.4	22	4.0
3	法国	296	9.8	56	18.9
4	意大利	138	4.6	3	2.2
5	加拿大	134	4.4	7	5.2
6	澳大利亚	130	4.3	9	6.9
7	西班牙	95	3.2	8	8.4
8	德国	65	2.2	14	21.5
9	突尼斯	47	1.6	1	2.1
10	伊朗	42	1.4	0	0.0
	全球	3 013	100.0	304	

表 4－26　苜蓿育种领域论文数量排名前十机构和核心论文数量排名前十机构

排序	论文数量排名前十机构			核心论文数量排名前十机构		
	机构	论文数量（篇）	占苜蓿育种论文总量比例（%）	机构	核心论文数量（篇）	核心论文占本机构论文比例（%）
1	美国农业部农业研究局	184	6.1	塞缪尔·罗伯茨·诺贝尔基金会	49	45.0
2	法国国家农业食品与环境研究院	171	5.7	法国国家科学研究中心	34	26.2
3	法国国家科学研究中心	130	4.3	法国国家农业食品与环境研究院	27	15.8
4	塞缪尔·罗伯茨·诺贝尔基金会	109	3.6	美国农业部农业研究局	13	7.1
5	中国农业科学院	101	3.4	明尼苏达大学	10	13.5

（续）

排序	论文数量排名前十机构			核心论文数量排名前十机构		
	机构	论文数量（篇）	占苜蓿育种论文总量比例（%）	机构	核心论文数量（篇）	核心论文占本机构论文比例（%）
6	明尼苏达大学	74	2.5	南京农业大学	6	15.0
7	中国科学院	56	1.9	加利福尼亚大学	6	16.7
8	兰州大学	56	1.9	匈牙利科学院	6	27.3
9	加拿大农业及农业食品部	51	1.7	约翰英尼斯中心	5	41.7
10	西班牙高等科学研究理事会	46	1.5	图卢兹大学	4	12.1
	全球	3 013	100.0	全球	304	

3. 专利分析

全球苜蓿育种领域年度专利数量总体呈现增长趋势。美国是苜蓿育种领域专利的主要申请国家，占全球专利总量的48.76%。2019年以后，中国在该领域的专利申请呈现快速增长趋势，目前中国专利总量位居全球第二，占全球专利总量的31.37%（图4-23）。

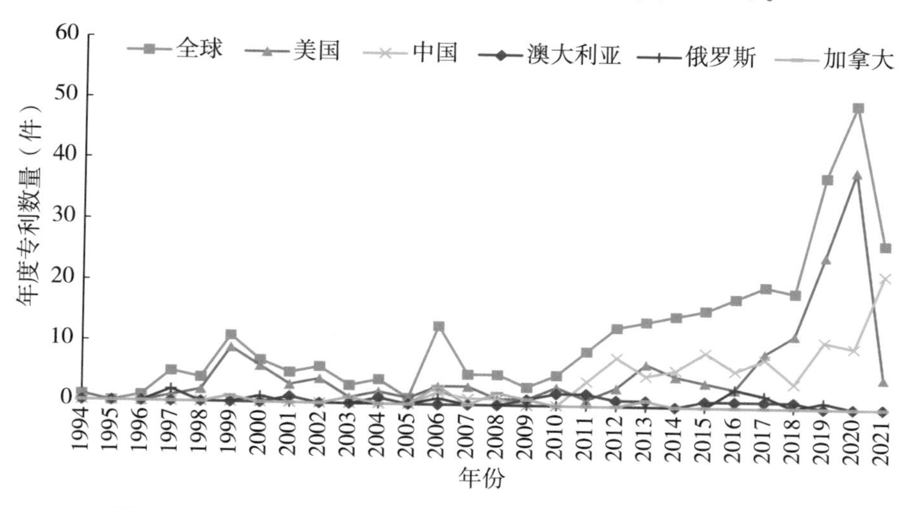

图4-23 苜蓿育种领域全球和排名前五国家专利年度趋势

对核心专利分析发现（表 4－27），美国占据绝对优势，占据全球苜蓿育种领域核心专利总量的 76.19%，核心专利占本国专利总量的 30.57%。中国苜蓿育种领域的核心专利数量仅有 2 件，为美国的 4.2%。

表 4－27　苜蓿育种领域专利总量排名前十国家分析

排序	国家/地区	专利总量（件）	占全球专利总量比例（%）	专利布局广度（同族国家数均值）	核心专利数量（件）	核心专利占全球核心专利总量比例（%）	核心专利占国家专利总量比例（%）
1	美国	157	48.76	2.72	48	76.19	30.57
2	中国	101	31.37	1.10	2	3.17	1.98
3	澳大利亚	13	4.04	3.31	6	9.52	46.15
4	俄罗斯	10	3.11	1.00	0	0.00	0.00
5	加拿大	9	2.80	9.44	4	6.35	44.44
6	韩国	9	2.80	1.67	2	3.17	22.22
7	乌克兰	5	1.55	1.00	0	0.00	0.00
8	捷克	3	0.93	1.00	0	0.00	0.00
9	罗马尼亚	3	0.93	1.00	0	0.00	0.00
10	丹麦	2	0.62	19.00	1	1.59	50.00
10	乌拉圭	2	0.62	1.00	1	1.59	50.00
10	德国	2	0.62	1.00	0	0.00	0.00
10	新西兰	2	0.62	4.50	1	1.59	50.00
10	日本	2	0.62	3.50	0	0.00	0.00
10	法国	2	0.62	6.00	0	0.00	0.00
10	荷兰	2	0.62	1.50	0	0.00	0.00
	全球	322	100.00	2.41	63	100.00	19.57

对苜蓿育种领域专利申请机构分析发现（表 4－28），该领域相关专利主要掌握于国外企业手中。其中，美国 Forage Genetics International公司的专利数量最多，科迪华、拜耳紧随其后，位居第二位和第三位。从核心专利数量看，拜耳的表现最为突出，位居全球首位，占据全球核心专利数量的30.16%。中国机构中，中国农业科学院、兰州大学、中国农业大学和哈尔滨师范大学进入专利数量排名前十行列，但没有进入核心专利排名前十行列。

表4-28 苜蓿育种领域专利总量排名前十机构和核心专利主要申请机构

排序	专利总量排名前十机构			核心专利主要申请机构		
	机构	专利总量（件）	占全球专利总量比例（%）	机构	核心专利数量（件）	核心专利占全球核心专利总量比例（%）
1	Forage Genetics International公司	69	21.43	拜耳	19	30.16
2	科迪华	30	9.32	Forage Genetics International公司	12	19.05
3	拜耳	28	8.70	科迪华	9	14.29
4	中国农业科学院	20	6.21	拉瓦尔大学	4	6.35
5	兰州大学	10	3.11	魁北克血库	3	4.76
6	Alforex Seeds公司	10	3.11	Alforex Seeds公司	3	4.76
7	中国农业大学	8	2.48	加拿大农业及农业食品部	2	3.17
8	拉瓦尔大学	6	1.86	澳大利亚Pristine Forage公司	2	3.17
9	加拿大农业及农业食品部	4	1.55	Jefferson大学	2	3.17
10	哈尔滨师范大学	4				
	全球	322	100.00	全球	63	100.00

4.品种登记分析

2017—2021年，中国共登记了56个苜蓿品种。其中，大部分为引

进品种，共38个，占比约为68%；自主培育品种17个，占比约30%。

从机构来看，共有39家机构参与苜蓿品种登记申请，但申请量最高的机构品种数量仅为5个，说明申请机构较为分散，集中度不高。其中，企业与公共研发机构的研发模式有所不同，企业主要以引进品种为主，公共研发机构以育成品种为主。主要优势企业有北京正道农业股份有限公司、克劳沃（北京）生态科技有限公司、百绿（天津）国际草业有限公司等；主要优势公共研发机构有中国农业科学院北京畜牧兽医研究所、甘肃农业大学等。

（二）高粱

1. 概况分析

通过对1992—2021年全球高粱总产量统计发现（图4-24），高粱主要生产国为美国、尼日利亚、印度、埃塞俄比亚、墨西哥等，中国处于全球第八位。长期以来，中国高粱总产量一直处于波动下降的趋势，到2009年达到历史最低值，此后年度产量略有反弹，但仍远

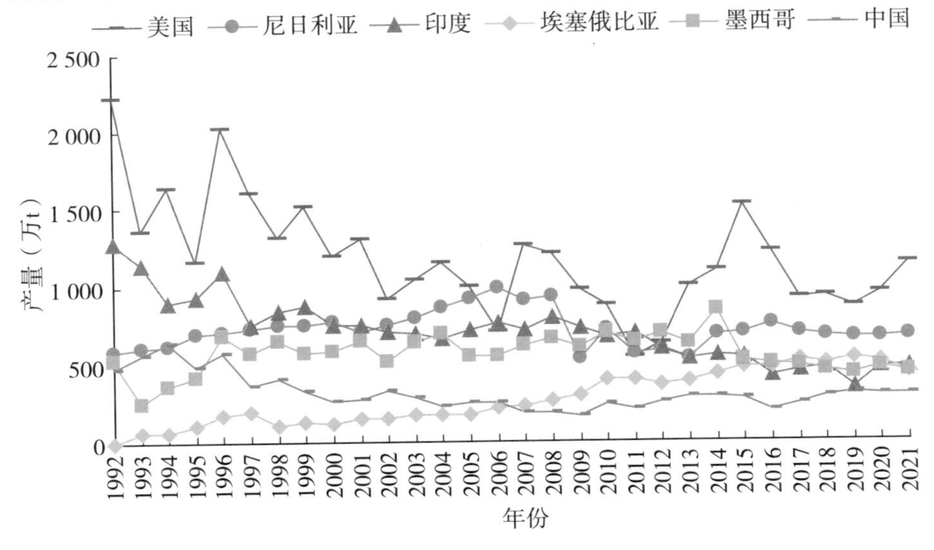

图4-24 全球主要国家高粱产量变化趋势

末达到历史高峰值。2021 年，中国高粱总产量仅为美国的 26%。

从生产水平看，全球高粱总产和单产水平均较高的国家主要有中国、阿根廷、美国、墨西哥、澳大利亚、巴西等（图 4－25），这些国家的高粱单产均高于全球平均水平（2021 年为 $1.5t/hm^2$），而尼日利亚、印度、埃塞俄比亚等主产国的高粱单产低于全球平均水平。从单产水平看，中国高粱单产水平（2021 年为 $4.8t/hm^2$）并不低，略高于美国、阿根廷，显著高于尼日利亚、埃塞俄比亚、印度。可见，中国高粱产量不高主要是由种植面积的不断萎缩和波动所导致的。

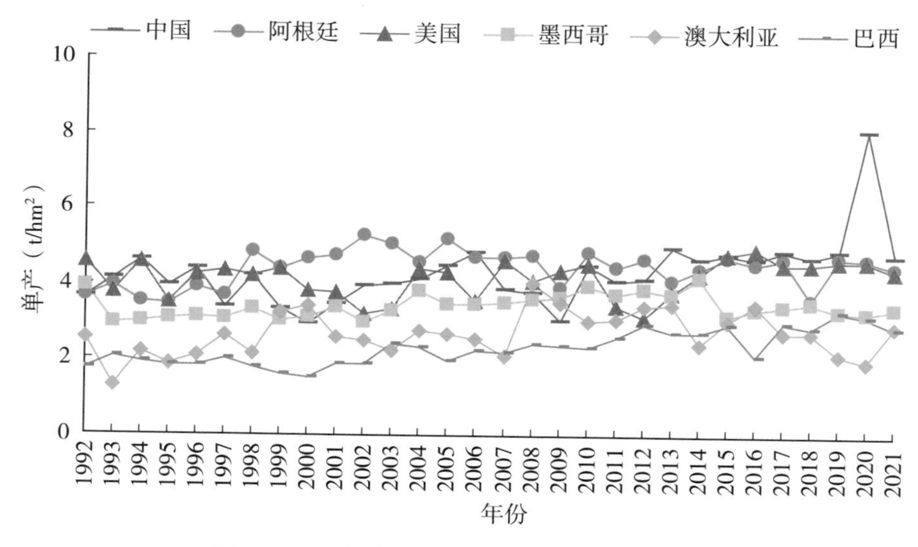

图 4－25　全球主要国家高粱单产变化趋势

2. 论文分析

1992—2021 年，全球高粱育种领域年度论文数量总体呈波动增长趋势，2009 年以来增长更为快速。其中，美国是高粱育种领域相关研究论文主要产出国。自 2013 年以来，中国高粱育种领域研究论文发表数量增速加快，目前年度论文数量已超越印度位居全球第二（图 4－26）。

对核心论文分析发现，美国的核心论文数量为 119 篇，远超其他

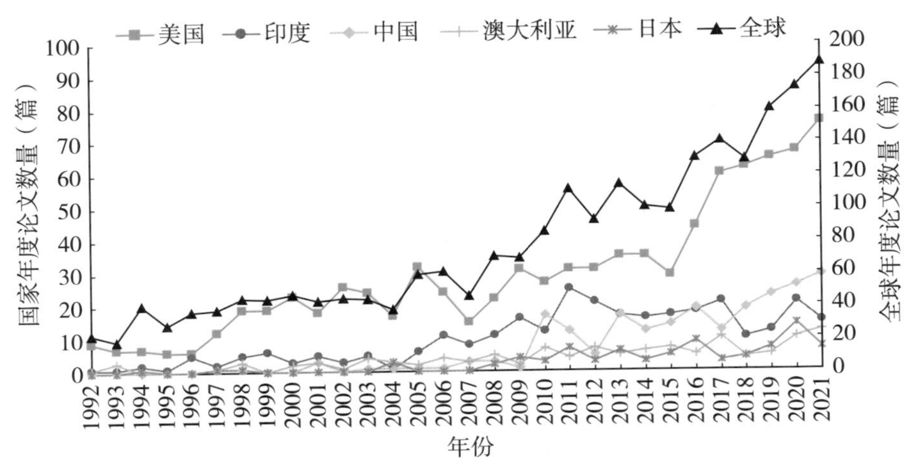

图 4-26 高粱育种领域全球和排名前五国家论文年度趋势

国家，占全球核心论文总量的 50.6%，占本国论文的比例为 13.5%；中国的核心论文只有 12 篇，仅为美国核心论文的 10%，占本国论文的比例为 5.3%（表 4-29）。

表 4-29 高粱育种领域论文数量排名前十国家分析

排序	国家	论文数量（篇）	占全球高粱育种领域论文总量比例（%）	核心论文数量（篇）	核心论文占本国论文比例（%）
1	美国	884	37.9	119	13.5
2	印度	297	12.7	8	2.7
3	中国	225	9.7	12	5.3
4	澳大利亚	121	5.2	20	16.5
5	日本	84	3.6	8	9.5
6	德国	78	3.3	7	9.0
7	巴西	77	3.3	4	5.2
8	南非	74	3.2	2	2.7
9	法国	65	2.8	8	12.3
10	意大利	37	1.6	3	8.1
	全球	2 331	100.0	235	

从主要科研机构来看，高粱育种领域论文数量排名前十的机构主要来自美国、印度、法国和澳大利亚，其中美国机构有6家，无中国机构上榜（表4－30）。核心论文数量排名前十的机构中，美国有6家机构入围，表现突出。其中，美国得克萨斯农工大学位居核心论文数量的榜首。中国的优势机构为中国科学院，但论文总量和核心论文总量均与美国机构有较大差距。

表4－30　高粱育种领域论文数量排名前十机构和核心论文数量排名前十机构

排序	论文数量排名前十机构			核心论文数量排名前十机构		
	机构	论文数量（篇）	占高粱育种论文总量比例（%）	机构	核心论文数量（篇）	核心论文占本机构论文比例（%）
1	美国农业部农业研究局	155	6.6	得克萨斯农工大学	23	16.4
2	得克萨斯农工大学	140	6.0	康奈尔大学	13	39.4
3	国际半干旱热带作物研究所	88	3.8	美国农业部农业研究局	10	6.5
4	堪萨斯州立大学	82	3.5	普渡大学	10	18.5
5	内布拉斯加大学	58	2.5	堪萨斯州立大学	8	9.8
6	印度农业研究理事会	57	2.4	佐治亚大学	7	17.9
7	法国农业国际合作研究发展中心	55	2.4	国际半干旱热带作物研究所	5	5.7
8	普渡大学	54	2.3	内布拉斯加大学	5	8.6
9	昆士兰大学	51	2.2	法国农业国际合作研究发展中心	5	9.1
10	佐治亚大学	39	1.7	昆士兰大学	5	9.8
11	中国科学院	36	1.5	中国科学院	5	13.9
	全球	2 331	100.0	全球	235	

总体而言，美国在高粱育种领域年度论文数量始终处于全球领先地位，中国自2013年以来年度论文数量有了较大幅度提升，但总论文数量仅为美国的1/4；中国的核心论文竞争力与美国仍存在较大差距，核心论文数量仅为美国的1/10；从研发机构科研水平来看，中国机构与美国、法国、印度、澳大利亚等国家的研发机构仍存在较大差距。

3. 专利分析

全球高粱育种领域的年度专利数量总体呈现较明显的波动，其中2015年达到专利数量申请高峰（图4-27）。美国是高粱育种领域专利的主要申请国，占全球专利总量的60.52%；中国专利数量位居全球第二，但仅占美国专利数量的近1/3。

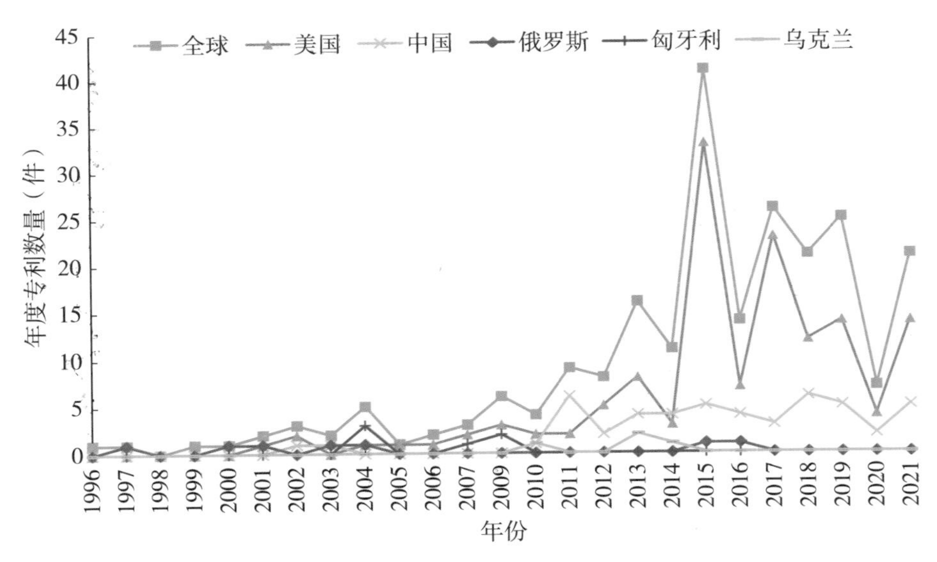

图4-27 高粱育种领域全球和排名前五国家专利年度趋势

从核心专利来看，美国核心专利数量最多，占据全球高粱育种领域核心专利总量的82.15%，具有绝对优势，其核心专利占本国专利总量的比例为48.94%。相比之下，中国的核心专利仅有2件，专利总量和核心专利数量均远落后于美国（表4-31）。

表 4-31　高粱育种领域专利总量排名前十国家分析

排序	国家/地区	专利总量（件）	占全球专利总量比例（%）	专利布局广度（同族国家数均值）	核心专利数量（件）	核心专利占全球核心专利总量比例（%）	核心专利占国家专利总量比例（%）
1	美国	141	60.52	2.98	69	82.15	48.94
2	中国	50	21.46	1.00	2	2.44	4.00
3	俄罗斯	7	3.00	1.00	0	0.00	0.00
4	匈牙利	6	2.58	1.00	0	0.00	0.00
5	乌克兰	4	1.72	1.00	0	0.00	0.00
6	印度	4	1.72	4.50	2	2.44	50.00
7	日本	4	1.72	3.00	0	0.00	0.00
8	荷兰	4	1.72	12.00	4	4.88	100.00
9	新加坡	3	1.29	4.33	3	3.66	100.00
10	韩国	3	1.29	1.00	0	0.00	0.00
	全球	233	100.00	2.72	82	100.00	35.19

从专利申请机构看，高粱育种领域相关专利主要掌握在国外机构手中。其中，科迪华的专利数量最多，占全球高粱育种领域专利总数的30.04%。中国的机构主要为科研院所，包括中国农业科学院、吉林省农业科学院、安徽科技学院、山西省农业科学院等，但这些机构的专利数量相对较少（表4-32）。

总体而言，无论从专利总体数量还是核心专利数量角度，美国在高粱育种相关技术方面占有绝对优势；中国在该领域的专利数量位居全球第二，但核心专利数量仅为美国的2.9%，与美国仍有较大差距。

表 4-32 高粱育种领域专利总量排名前十机构和核心专利主要申请机构

排序	专利总量排名前十机构			核心专利主要申请机构		
	机构	专利总量（件）	占全球专利总量比例（%）	机构	核心专利数量（件）	核心专利占全球核心专利总量比例（%）
1	科迪华	70	30.04	科迪华	29	35.37
2	堪萨斯州立大学	22	9.44	堪萨斯州立大学	9	10.98
3	拜耳	12	5.15	拜耳	7	8.54
4	美国农业部	6	2.58	Advanta 国际公司	4	4.88
5	中国农业科学院	5	2.15	美国农业部	3	3.66
5	吉林省农业科学院	5	2.15	冷泉港实验室	2	2.44
7	Advanta 国际公司	4	1.72	中国农业科学院	1	1.22
7	安徽科技学院	4	1.72	中国科学院	1	1.22
9	匈牙利谷物研究所	3	1.29	密苏里大学	1	1.22
9	中国科学院	3	1.29	得克萨斯农工大学	1	1.22
9	山西省农业科学院	3	1.29	Nagarjuna 能源公司	1	1.22
9	江苏省农业科学院	3	1.29	巴西农业研究公司	1	1.22
9	河北省农林科学院	3	1.29			
	全球	233	100.00	全球	82	100.00

4. 品种登记分析

2017—2021 年，中国共登记高粱品种 727 个，129 家机构参与品种登记申请。从用途看，高粱主要用于酿造、粮食和能源等用途，共 671 个，占比 92.3%；用于饲料的高粱新品种仅有 56 个，占比约 7.7%。

从饲用高粱申请机构看，主要优势机构有辽宁省农业科学院、山西省农业科学院高粱研究所、吉林省农业科学院、湖南隆平高科耕地修复技术有限公司、甘肃省农业科学院作物研究所等。

（三）燕麦

1. 概况分析

通过对1992—2021年全球燕麦总产量统计发现（图4-28），全球燕麦主要生产国为俄罗斯、加拿大、澳大利亚、波兰、西班牙等，中国处于全球第十位。长期以来，中国燕麦总产量一直处在波动中缓慢下降的状态，2002年后进入平台期，直到2014年，随着播种面积的不断扩大和单产水平的持续提升，年产量开始反弹，趋势持续至今，但仍未达到历史最高水平。

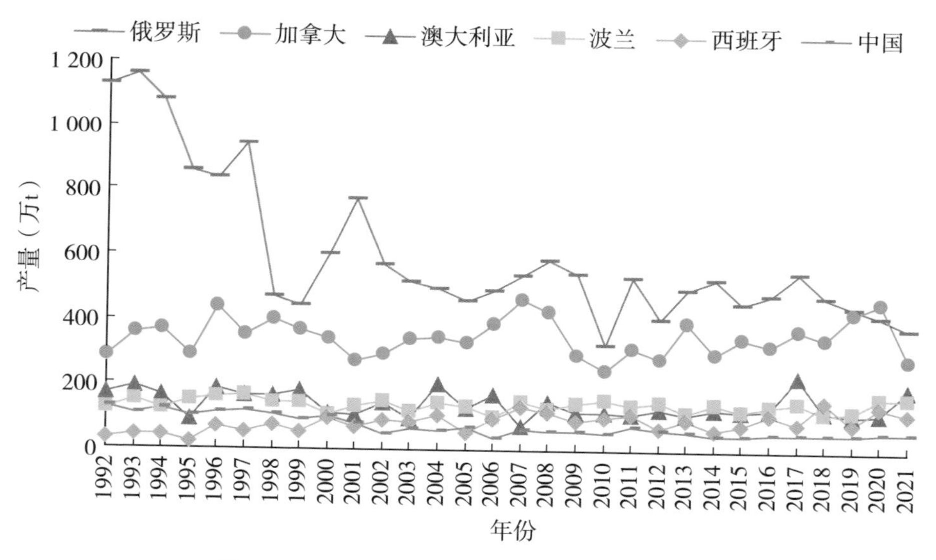

图4-28　全球主要国家燕麦产量变化趋势

从生产水平看，全球燕麦总产和单产水平均较高的国家主要有英国、新西兰、德国、中国、波兰、加拿大等（图4-29），这些国家的燕麦单产均高于全球平均单产（2021年为2.4t/hm^2），而俄罗斯、澳大利亚等主产国的燕麦单产低于全球平均单产。中国燕麦单产水平相对不低，2021年为3.7t/hm^2，是全球平均水平的1.5倍，但仅为英国等高单产水平国家的60%左右，仍有较大提升空间。

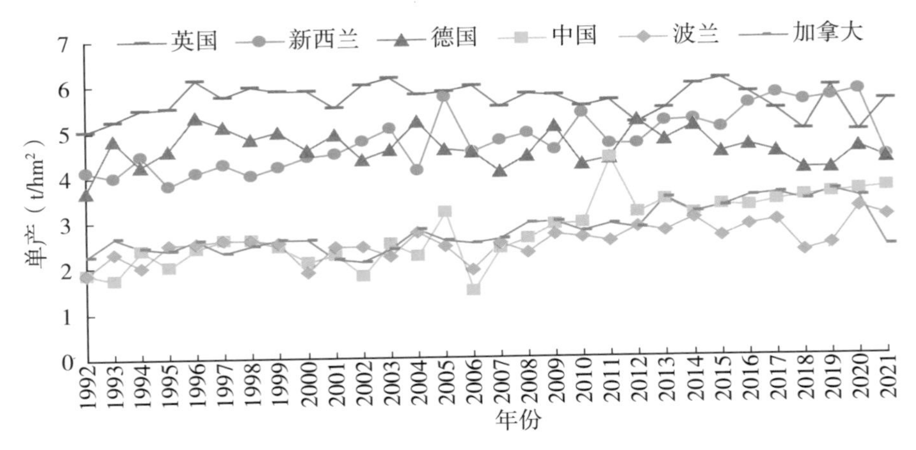

图 4－29　全球主要国家燕麦单产变化趋势

2. 论文分析

1992—2021 年，全球燕麦育种领域年度论文数量总体呈波动增长趋势。美国是燕麦育种领域发文最多的国家，并在早期占据较大优势。加拿大也比较重视燕麦育种，相关论文数量位居全球第二。自 2014 年以来，中国燕麦育种领域研究论文发表数量增速加快，并于 2021 年超过美国，成为全球年度论文数量最高的国家，论文总量位居全球第三（图 4－30）。

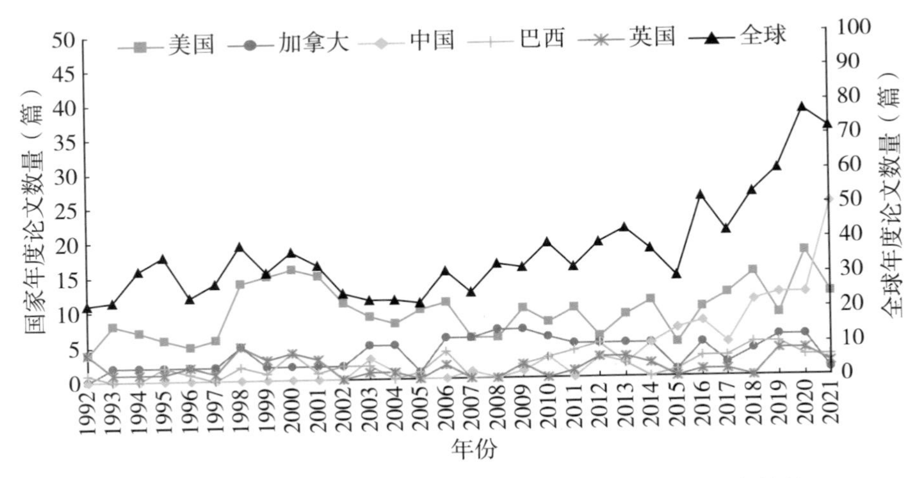

图 4－30　燕麦育种领域全球和排名前五国家论文年度趋势

从核心论文看，美国的核心论文数量为44篇，远超其他国家，占全球核心论文总量的37.9%；加拿大以16篇位居第二。中国在该领域没有相关核心论文（表4-33）。

表4-33 燕麦育种领域论文数量排名前十国家分析

排序	国家	论文数量（篇）	占全球燕麦育种论文总量比例（%）	核心论文数量（篇）	核心论文占本国论文比例（%）
1	美国	294	26.8	44	15.0
2	加拿大	111	10.1	16	14.4
3	中国	100	9.1	0	0.0
4	巴西	60	5.5	1	1.7
5	英国	52	4.7	11	21.2
6	波兰	51	4.6	0	0.0
7	西班牙	48	4.4	5	10.4
8	日本	35	3.2	7	20.0
9	德国	32	2.9	2	6.3
10	瑞典	26	2.4	3	11.5
	全球	1 098	100.0	116	

从主要科研机构看，美国农业部农业研究局和加拿大农业及农业食品部位居第一梯队，其在论文数量及核心论文数量上均位居全球前列（表4-34）。中国仅有四川农业大学进入论文数量排名前十行列，但是没有机构进入核心论文数量前十行列。

表4-34 燕麦育种领域论文数量排名前十机构和核心论文数量排名前十机构

排序	论文数量排名前十机构			核心论文数量排名前十机构		
	机构	论文数量（篇）	占燕麦育种论文总量比例（%）	机构	核心论文数量（篇）	核心论文占本机构论文比例（%）
1	美国农业部农业研究局	67	6.1	加拿大农业及农业食品部	11	16.9

（续）

排序	论文数量排名前十机构			核心论文数量排名前十机构		
	机构	论文数量（篇）	占燕麦育种论文总量比例（%）	机构	核心论文数量（篇）	核心论文占本机构论文比例（%）
2	加拿大农业及农业食品部	65	5.9	明尼苏达大学	9	24.3
3	明尼苏达大学	37	3.4	美国农业部农业研究局	7	10.4
4	南大河州联邦大学	23	2.1	约翰英尼斯中心	7	50.0
5	西班牙高等科学研究理事会	17	1.5	爱荷华州立大学	4	25.0
6	爱荷华州立大学	16	1.5	加利福尼亚大学	4	30.8
7	北卡罗来纳州立大学	16	1.5	康奈尔大学	3	27.3
8	四川农业大学	16	1.5	西班牙高等科学研究理事会	2	11.8
9	波兰科学院	15	1.4	北卡罗来纳州立大学	2	12.5
10	约翰英尼斯中心	14	1.3	瑞典农业科学大学	2	14.3
	全球	1 098	100.0	全球	116	

3. 专利分析

全球燕麦育种领域的专利数量较少，仅为 44 件。其中，中国有 16 件，占全球的 36.36%（图 4-31）。

从核心专利看，全球共有 7 件，主要来自美国，占据了 6 件。中国在相关领域没有核心专利（表 4-35）。

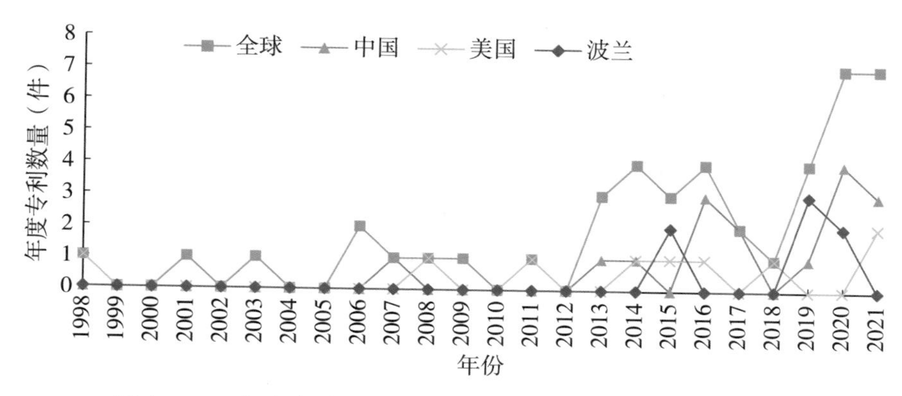

图 4-31　燕麦育种领域全球和排名前三国家专利年度趋势

表 4-35　燕麦育种领域专利总量排名前十国家分析

排序	国家/地区	专利总量（件）	占全球专利总量比例（%）	专利布局广度（同族国家数均值）	核心专利数量（件）	核心专利占全球核心专利总量比例（%）	核心专利占国家专利总量比例（%）
1	中国	16	36.36	1.00	0	0.00	0.00
2	美国	9	20.45	3.56	6	85.71	66.67
3	波兰	7	15.91	1.00	0	0.00	0.00
4	乌克兰	3	6.82	1.00	0	0.00	0.00
5	捷克	2	4.55	1.00	0	0.00	0.00
6	日本	2	4.55	10.50	1	14.29	50.00
7	韩国	2	4.55	1.00	0	0.00	0.00
8	俄罗斯	1	2.27	1.00	0	0.00	0.00
9	摩尔多瓦	1	2.27	1.00	0	0.00	0.00
10	比利时	1	2.27	1.00	0	0.00	0.00
	全球	44	100.00	1.95	7	100.00	15.91

从专利申请机构看，国外机构主要有来自波兰的卢布林农学院、乌克兰生物能源作物和甜菜研究所以及捷克作物研究所，中国机构有中国农业科学院、吉林大学和四川农业大学（表 4-36）。

表 4-36　燕麦育种领域专利总量和核心专利主要申请机构

排序	专利总量主要申请机构			核心专利主要申请机构		
	机构	专利总量（件）	占全球专利总量比例（%）	机构	核心专利数量（件）	核心专利占全球核心专利总量比例（%）
1	卢布林农学院	7	15.91	通用磨坊	2	28.57
2	中国农业科学院	3	6.82	加拿大农业及农业食品部	1	14.29
3	吉林大学	2	4.55	威斯康星大学	1	14.29
4	通用磨坊	2	4.55	SAPPORO BRJUEHRIZ 公司	1	14.29
5	乌克兰生物能源作物和甜菜研究所	2	4.55			
6	捷克作物研究所	2	4.55			
7	四川农业大学	2	4.55			
	全球	44	100.00	全球	7	100.00

4. 品种登记分析

2017—2021 年，中国共登记了 13 个燕麦新品种，并以引进品种为主，仅 1 个为育种品种。主要优势机构包括北京正道种业有限公司、四川农业大学等。

三、畜禽

（一）猪

1. 概况分析

通过对 1992—2021 年全球猪肉总产量统计发现（图 4-32），全球猪肉主要生产国为中国、美国、西班牙、德国、巴西、俄罗斯等。

中国是全球生猪养殖大国，生猪存栏量和屠宰量均为全球第一。长期以来，中国猪肉总产量位居全球首位，远超过第二位的美国和其他主产国。受非洲猪瘟影响，2019 年和 2020 年，中国养猪业遭受重创，猪肉产量一度大幅下滑，但仍处于全球高位。2021 年，中国猪肉总产量强劲反弹，达到 5 391 万 t，占当年全球总产量的 44.8%。其他主产国的猪肉年度产量较为平稳，除德国外，其余各国均呈缓慢增长的态势。

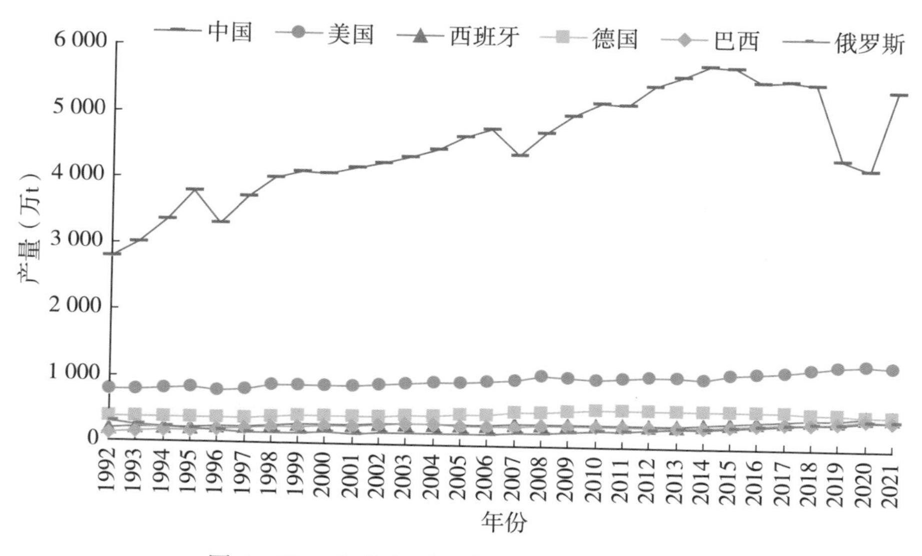

图 4－32　全球主要国家猪肉产量变化趋势

从生产水平看，全球生猪胴体重水平较高的国家包括意大利、马来西亚等，生猪胴体重超过 120kg/头。综合来看，全球猪肉总产量和生猪胴体重水平均较高的国家主要有加拿大、美国、德国、俄罗斯、西班牙、中国等（图 4－33）。2021 年，上述国家的生猪胴体重在 88～103kg/头，均高于全球平均水平（2021 年为 86.0kg/头）。2021 年，中国生猪胴体重达到 88.4kg/头，虽然略高于全球平均水平，但低于加拿大、美国等主产国，与全球最高胴体重国家的差距更大，未来还有很大提升空间。

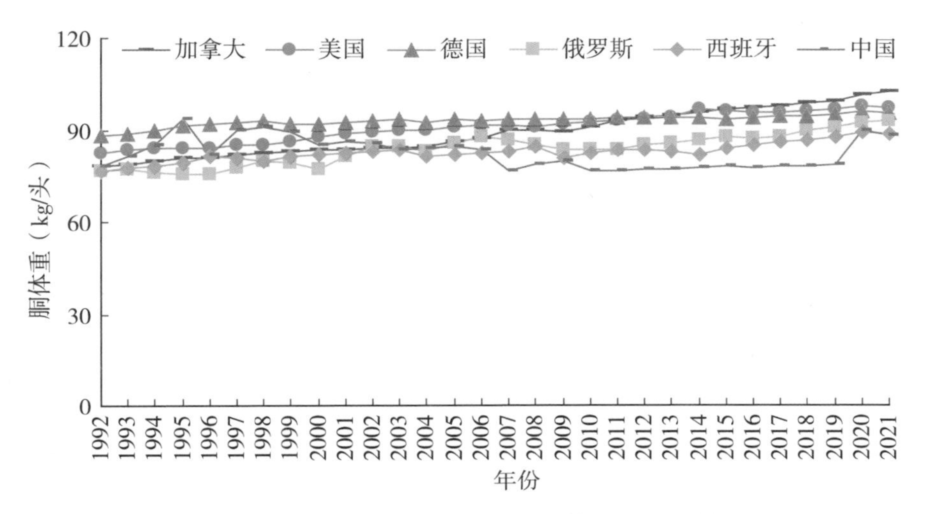

图 4－33　全球主要国家生猪胴体重变化趋势

2. 论文分析

1992—2021 年，全球猪育种领域年度论文数量总体呈现增加趋势，尤其是自 2004 年以来，增长更为快速（图 4－34）。在 1992—2006 年，美国一直是猪育种领域研究的主要产出国。中国猪育种领域论文数量自 1999 年有了大幅度提升，2007 年与美国持平，

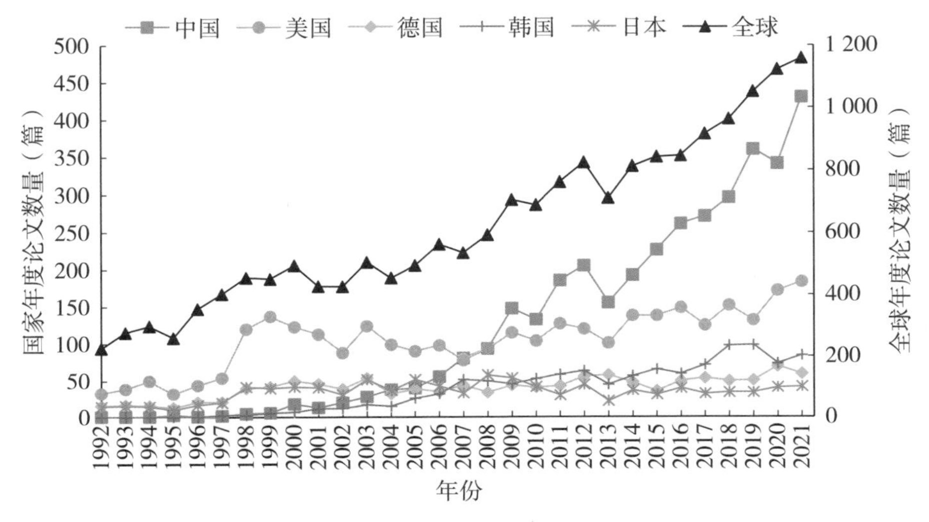

图 4－34　猪育种领域全球和排名前五国家论文年度趋势

2021年论文数量为美国的2.3倍。

对核心论文分析发现（表4-37），美国核心论文数量占全球总量的28.3%，占本国论文比例为16.7%。中国的核心论文为152篇，占本国论文总量的4.2%，大约是美国核心论文数量的28.6%。以上数据说明，虽然中国总体研究产出已经远超过美国，但是在核心论文的水平上还与美国有很大差距。

表4-37　猪育种领域论文数量排名前十国家分析

排序	国家	论文数量（篇）	占全球猪育种论文总量比例（%）	核心论文数量（篇）	核心论文占本国论文比例（%）
1	中国	3 627	19.4	152	4.2
2	美国	3 186	17.0	531	16.7
3	德国	1 192	6.4	128	10.7
4	韩国	1 093	5.8	33	3.0
5	日本	1 021	5.5	88	8.6
6	西班牙	869	4.7	86	9.9
7	英国	637	3.4	134	21.0
8	波兰	578	3.1	6	1.0
9	法国	549	2.9	85	15.5
10	意大利	520	2.8	40	7.7
	全球	18 688	100.0	1 879	

对科研机构分析发现（表4-38），猪育种领域排名前十机构中有6家机构来自中国，包括华中农业大学、中国农业大学、中国农业科学院、华南农业大学、南京农业大学、中国科学院。从核心论文数量来看，法国国家农业食品与环境研究院位居全球第一，而中国仅有中国科学院进入前十行列。这说明中国研究总体力量领先其他国家，但是核心论文竞争力却还有较大差距。

表 4－38　猪育种领域论文数量排名前十机构和核心论文数量排名前十机构

排序	论文数量排名前十机构			核心论文数量排名前十机构		
	机构	论文数量（篇）	占全球论文比例（%）	机构	核心论文数量（篇）	核心论文占本机构论文比例（%）
1	华中农业大学	354	1.9	法国国家农业食品与环境研究院	61	19.6
2	中国农业大学	332	1.8	美国农业部	52	15.9
3	美国农业部	328	1.8	瑞典农业科学大学	33	24.6
4	法国国家农业食品与环境研究院	312	1.7	爱荷华州立大学	31	13.1
5	中国农业科学院	301	1.6	瓦赫宁根大学及研究中心	31	25.4
6	爱荷华州立大学	236	1.3	密苏里大学	27	26.7
7	华南农业大学	217	1.2	中国科学院	24	14.0
8	檀国大学	182	1.0	哈佛大学	23	20.2
9	首尔国立大学	176	0.9	明尼苏达大学	20	14.4
10	南京农业大学	172	0.9	秘鲁国家农业创新研究所	20	16.9
10	中国科学院	172	0.9	匹兹堡大学	20	24.7
	全球	18 688	100.0	全球	1 879	

3. 专利分析

从年度专利数量来看（图 4－35），全球猪育种领域专利呈现增加趋势，尤其是自 2000 年以来，增长速度加快。自 2011 年开始，中国猪育种领域专利数量呈现快速增长趋势，并且远高于其他国家。

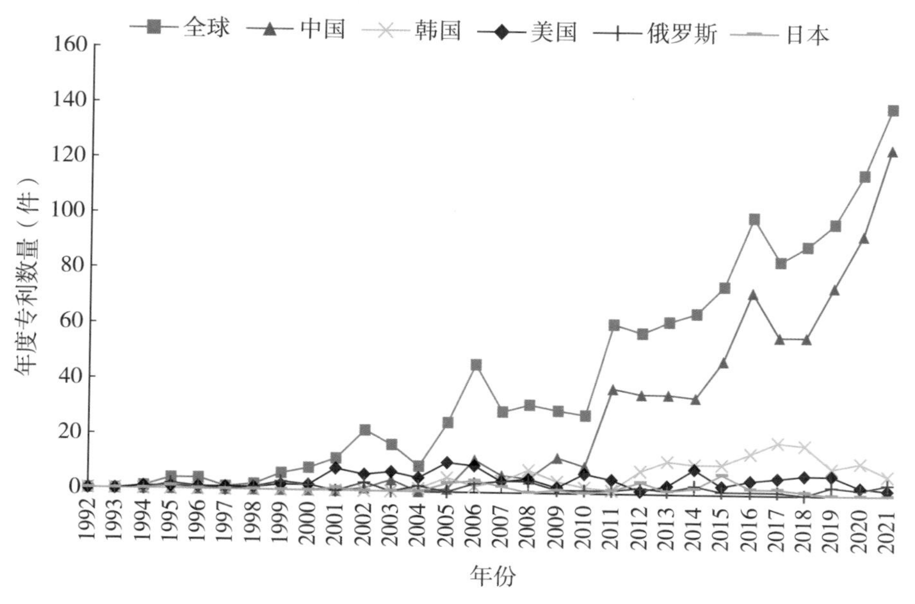

图 4－35　猪育种领域全球和排名前五国家专利年度趋势

从专利总量来看（表 4－39），中国猪育种领域相关专利总量位居全球首位，占全球专利总量的 59.25%，韩国和美国分列第二位和第三位，占全球的 12.22%和 10.19%。从核心专利来看，美国拥有全球猪育种领域 40.72%的核心专利，中国核心专利数量为 26 件，为美国的 32.9%。中国专利总量遥遥领先其他国家，但是在核心专利上却显著落后于美国、韩国等。

从猪育种专利研发机构来看（表 4－40），中国科研院所和高校表现突出，有 8 家机构进入专利数量排名前十行列，专利数量合计占全球的 28.44%。其中，华中农业大学专利数量最多，为 119 件，显著领先其余机构。从核心专利主要持有机构来看，中国无相关机构进入前十行列，韩国和美国机构表现较为突出，说明中国主要研发机构的核心竞争力落后于韩国、美国等的机构。

表 4-39 猪育种领域专利总量排名前十国家/地区分析

排序	国家/地区	专利总量（件）	占全球专利总量比例（%）	专利布局广度（同族国家数均值）	核心专利数量（件）	核心专利占全球核心专利总量比例（%）	核心专利占国家专利总量比例（%）
1	中国	727	59.25	1.09	26	13.40	3.58
2	韩国	150	12.22	1.71	32	16.49	21.33
3	美国	125	10.19	8.53	79	40.72	63.20
4	俄罗斯	46	3.75	1.00	0	0.00	0.00
5	日本	32	2.61	5.34	15	7.73	46.88
6	乌克兰	30	2.44	1.00	0	0.00	0.00
7	英国	25	2.04	12.84	16	8.25	64.00
8	中国台湾	15	1.22	1.07	1	0.52	6.67
9	澳大利亚	13	1.06	7.23	5	2.58	38.46
10	丹麦	13	1.06	3.69	4	2.06	30.77
	全球	1 227	100.00	2.62	194	100.00	15.81

表 4-40 猪育种领域专利总量排名前十机构和核心专利数量排名前十机构

排序	专利总量排名前十机构				核心专利数量前十机构		
	机构	专利总量（件）	占全球专利总量比例（%）	专利布局广度	机构	核心专利数量（件）	核心专利占全球核心专利总量比例（%）
1	华中农业大学	119	9.70	1.00	生物技术研发公司	8	4.12
2	中国农业科学院	48	3.91	1.08	爱荷华州立大学	8	4.12
3	中国农业大学	45	3.67	1.00	美国农业部	6	3.09
4	华南农业大学	36	2.93	1.00	梅里亚公司	6	3.09

（续）

排序	专利总量排名前十机构				核心专利数量前十机构		
	机构	专利总量（件）	占全球专利总量比例（%）	专利布局广度	机构	核心专利数量（件）	核心专利占全球核心专利总量比例（%）
5	中国科学院	32	2.61	1.06	韩国生物科学与生物技术研究所	5	2.58
6	江西农业大学	30	2.44	1.03	DALGETY公司	5	2.58
7	韩国农村振兴厅	30	2.44	1.80	密苏里大学	5	2.58
8	浙江大学	22	1.79	1.09	首尔大学	4	2.06
9	湖北省农业科学院	17	1.39	1.29	忠南大学	4	2.06
10	生物技术研发公司	17	1.39	17.29	美国国立卫生研究院	4	2.06
	全球	1 227	100.00	2.62	全球	194	100.00

4. 品种登记分析

1999年以来，中国共审定猪新品种、配套系33个，共涉及86个培育单位。其中，华南农业大学、四川省畜牧科学研究院、山东农业大学、山东省农业科学院畜牧兽医研究所、江苏省畜牧总站、湖南省畜牧兽医研究所、莱芜市畜牧办公室、云南农业大学等机构分别申请了2个新品种、配套系，其余机构仅有1个申请。

（二）牛

1. 概况分析

通过对1992—2021年全球牛肉总产量统计发现（图4-36），全球牛肉主要生产国为美国、巴西、中国、印度、阿根廷、巴基斯坦

等。长期以来，美国牛肉总产量一直位居全球首位，年产量变化幅度不大，并于 2021 年产量达到近 30 年来的新高水平，为 1 273 万 t，占当年全球总产量的 16.6%。近 30 年来，巴西的牛肉总产量增速较快，年产量与美国的差距正在逐步缩小。因生猪养殖业受非洲猪瘟影响较大，近年来中国肉牛养殖业发展较好，牛肉产量增幅较大，全球占比已由 2018 年的 8.7%增长到 2021 年的 10.0%。

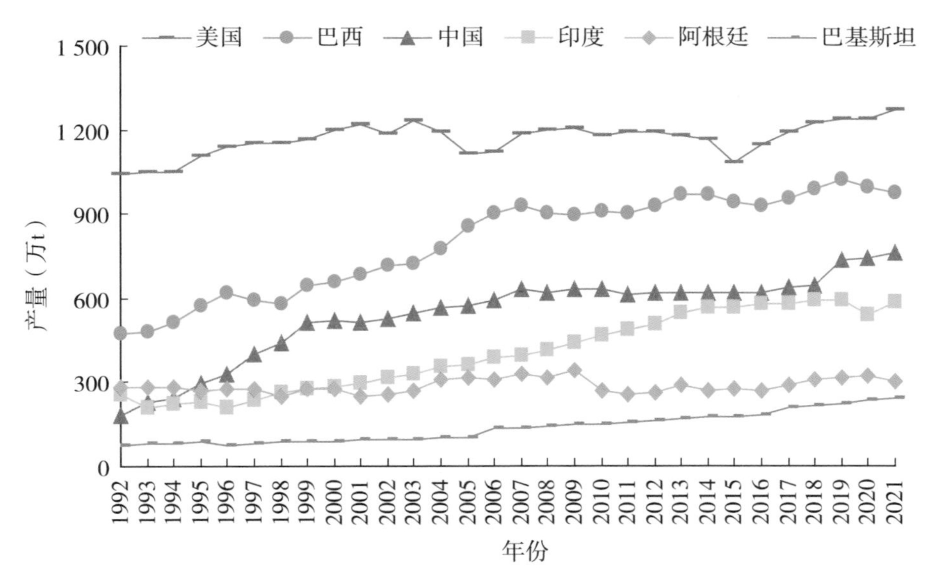

图 4 - 36 全球主要国家牛肉产量变化趋势

从生产水平看，全球肉牛胴体重水平较高的国家包括日本、新加坡、印度尼西亚等，肉牛胴体重超过 435kg/头。综合来看，全球牛肉总产量和肉牛胴体重水平均较高的国家主要有加拿大、美国、巴西、澳大利亚、阿根廷等（图 4 - 37）。2021 年，上述国家的肉牛胴体重在 230～418kg/头，均高于全球平均（2021 年为 213kg/头）。中国肉牛胴体重（2021 年为 148kg/头）长期徘徊不前，始终低于全球平均水平，更低于加拿大、美国等主产国，与全球最高胴体重的差距达到近 300kg/头。

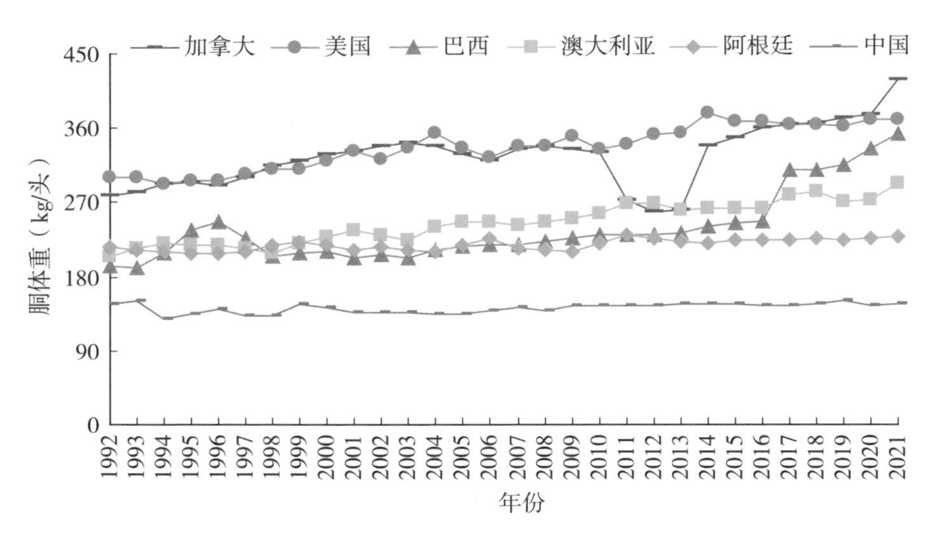

图 4－37　全球主要国家肉牛胴体重变化趋势

2. 论文分析

1992—2021 年，全球牛育种领域年度论文数量呈现快速上升趋势，2021 年论文数量比 1992 年翻了 4.6 倍。从 20 世纪 90 年代的美国独大，德国、日本占据主要，到 2000 年后巴西异军突起，赶超德国、日本，牛育种领域的基础研究格局发生了改变（图 4－38）。中

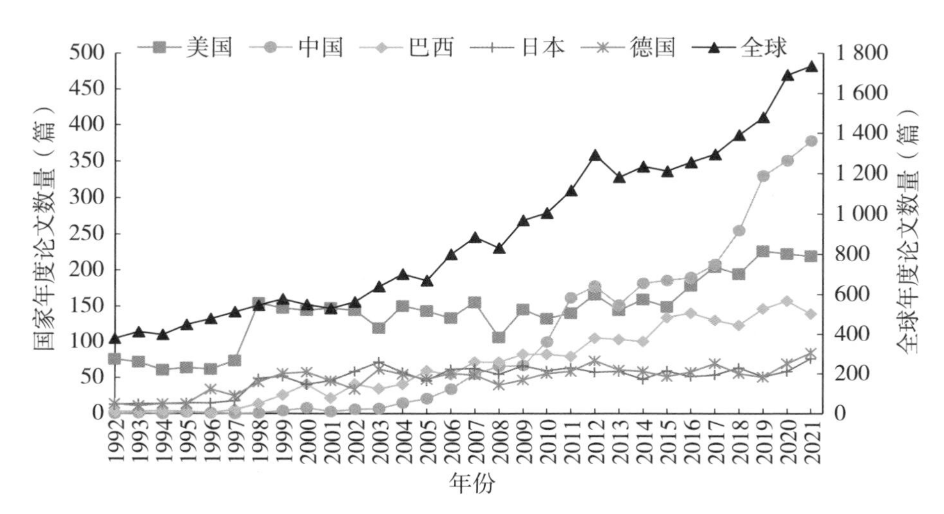

图 4－38　牛育种领域全球和排名前五国家论文年度趋势

国在牛育种领域论文发表数量从 2000 年后实现了“三级跳”，到 2007 年左右追平了德国、日本；在 2011 年实现了对美国的超越，成为全球年度论文数量最多的国家；从 2017 年开始中国与世界其他国家的论文发表数量进一步拉开差距，2021 年中国的年度论文发表总量占据了全球论文数量的 22%，是排名第二美国的 1.7 倍。

1992—2021 年，中国牛育种领域论文总量跃居世界第二，仅次于美国，然而中国的核心论文无论是总量（100 篇）还是占本国论文总量的比例（3.3%）都远远落后于美国（685 篇，16.1%），以及其他传统的牛育种领域强国，如德国（188 篇，12.8%）、加拿大（157 篇，13.8%）、澳大利亚（149 篇，18.2%）（表 4-41）。以上数据说明，虽然中国总体研究论文已经接近美国，但是在核心论文的水平和美国及其他牛育种领域强国差距很大。

表 4-41 牛育种领域论文数量排名前十国家分析

排序	国家	论文数量（篇）	占全球牛育种论文总量比例（%）	核心论文数量（篇）	核心论文占本国论文比例（%）
1	美国	4 261	15.8	685	16.1
2	中国	3 009	11.2	100	3.3
3	巴西	2 044	7.6	61	3.0
4	日本	1 469	5.5	110	7.5
5	德国	1 464	5.4	188	12.8
6	印度	1 153	4.3	17	1.5
7	加拿大	1 134	4.2	157	13.8
8	意大利	1 005	3.7	80	8.0
9	英国	826	3.1	139	16.8
10	澳大利亚	818	3.0	149	18.2
	全球	26 924	100.0	2 747	

从科研机构角度来看，论文数量排名前十的机构中，美国、巴西

和中国分别有 2 家、2 家和 3 家机构，中国机构包括西北农林科技大学、中国农业科学院和中国农业大学（表 4 - 42）。从核心论文数量来看，美国农业部、法国国家农业食品与环境研究院位居全球前二位，中国没有机构进入前十行列，说明中国核心论文竞争力水平不足。

表 4 - 42　牛育种领域论文数量排名前十机构和核心论文数量排名前十机构

排序	论文数量排名前十机构			核心论文数量排名前十机构		
	机构	论文数量（篇）	占全球论文比例（%）	机构	核心论文数量（篇）	核心论文占本机构论文比例（%）
1	美国农业部	632	2.3	美国农业部	116	18.4
2	西北农林科技大学	555	2.1	法国国家农业食品与环境研究院	80	17.0
3	印度农业研究理事会	476	1.8	圭尔夫大学	38	13.1
4	法国国家农业食品与环境研究院	471	1.7	加利福尼亚大学	36	20.1
5	圣保罗州立大学	446	1.7	威斯康星大学	32	14.4
6	中国农业科学院	382	1.4	瓦赫宁根大学及研究中心	30	14.2
7	中国农业大学	311	1.2	奥胡斯大学	30	14.5
8	圭尔夫大学	291	1.1	阿尔伯塔大学	27	16.3
9	圣保罗大学	273	1.0	澳大利亚联邦科学与工业研究组织	27	20.1
10	威斯康星大学	222	0.8	新英格兰大学	25	24.3
10				慕尼黑大学	25	37.3
	全球	26 924	100.0	全球	2 747	

总体而言，美国一直注重牛育种领域相关研究，中国自2000年后，牛育种领域研究总量有了大幅度提升，现在年度论文产出超过美国；但是在核心论文层面和美国还有很大差距，西北农林科技大学、中国农业科学院的论文产出接近美国机构，但是质量存在显著差异。

3. 专利分析

1992—2021年，全球牛育种领域专利数量呈现波动式增长趋势。美国、俄罗斯、韩国在牛育种领域的专利申请较早。中国牛育种领域专利从2010年开始快速增长，到2012年反超其他国家成为年度专利申请最多的国家，之后一直保持着绝对的领先地位，到2020年达到顶峰，成为全球牛育种领域专利申请的主要力量（图4-39）。

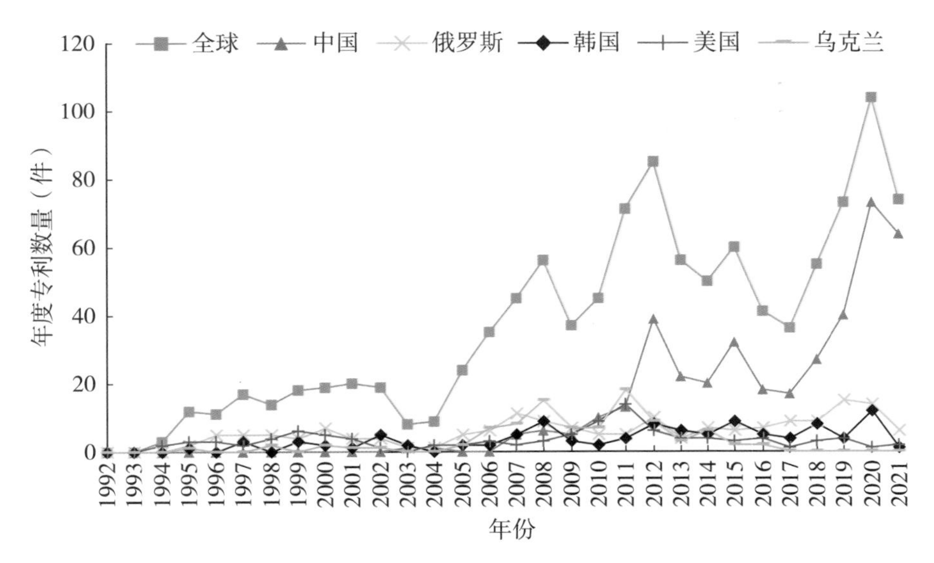

图4-39 牛育种领域全球和排名前五国家专利年度趋势

其中，中国的专利总量占全球的36.30%，是排名第二的俄罗斯的2倍多，是美国的近4倍（表4-43）。从核心专利看，美国的核心专利数量最多，占全球核心专利总量的38.73%；丹麦的牛育种技术重视国际布局，其专利的布局广度（15.95）最为出色。相比而言，中国牛育种领域核心专利只有14件，仅为美国的25.5%，这也凸显了中国在牛育种核心技术领域的短板。

表 4－43 牛育种领域专利总量排名前十国家分析

排序	国家/地区	专利总量（件）	占全球专利总量比例（%）	专利布局广度（同族国家数均值）	核心专利数量（件）	核心专利占全球核心专利总量比例（%）	核心专利占国家专利总量比例（%）
1	中国	400	36.30	1.02	14	9.86	3.50
2	俄罗斯	173	15.70	1.00	0	0.00	0.00
3	韩国	106	9.62	1.79	8	5.63	7.55
4	美国	102	9.26	4.50	55	38.73	53.92
5	乌克兰	93	8.44	1.00	0	0.00	0.00
6	日本	74	6.72	3.55	18	12.68	24.32
7	加拿大	26	2.36	7.00	12	8.45	46.15
8	丹麦	21	1.91	15.95	5	3.52	23.81
9	新西兰	17	1.54	7.53	13	9.15	76.47
10	捷克	15	1.36	1.00	0	0.00	0.00
	全球	1 102	100.00	2.34	142	100.00	12.89

从主要专利科研机构来看，专利数量排名前十的机构中，有 6 家机构来自中国，分别是西北农林科技大学、中国农业大学、中国农业科学院、山东省农业科学院、华中农业大学和吉林大学（表 4－44）。然而，这些机构并没有核心专利；全球范围内的核心专利主要由美国把持。这说明中国在牛育种技术水平上与国外还有很大差距。

总体而言，中国牛育种领域专利总体数量远超美国及其他国家，但是美国的核心专利占有绝对优势，中国在核心专利方面与美国还有较大差距。美国专利的主要拥有者既有企业，也有高校，而中国主要来自公共科研单位，说明在牛育种领域中国和国外的研发模式有较大不同。

表 4-44 牛育种领域专利总量和核心专利主要申请机构

排序	专利总量主要申请机构				核心专利主要申请机构		
	机构	专利总量（件）	占全球专利总量比例（%）	专利布局广度	机构	核心专利数量（件）	核心专利占全球核心专利总量比例（%）
1	西北农林科技大学	58	5.26	1.00	萨斯喀彻温大学	10	7.04
2	中国农业大学	39	3.54	1.00	威斯康星大学	9	6.34
3	中国农业科学院	33	2.99	1.00	嘉吉	8	5.63
4	山东省农业科学院	21	1.91	1.05	MMI GENOMICS 公司	5	3.52
5	利沃夫国立兽医和生物技术大学	20	1.81	1.00	METAMORPHIX 公司	4	2.82
6	乌克兰国立生物资源和自然管理大学	19	1.72	1.00	阿尔伯塔大学	3	2.11
7	华中农业大学	18	1.63	1.06	日本国家农业和食品研究组织	3	2.11
8	萨斯喀彻温大学	18	1.63	5.06	A2 牛奶公司	3	2.11
9	吉林大学	17	1.54	1.00			
10	威斯康星大学	17	1.54	3.76			
	全球	1 102	100.00	2.34	全球	142	100.00

4. 品种登记分析

1999 年以来，中国共审定牛新品种、配套系 9 个，共涉及 37 个培育单位。其中，四川省畜牧科学研究院、青海省大通种牛场、中国农业科学院北京畜牧兽医研究所、中国农业科学院兰州畜牧与兽医研究所等机构分别申请了 2 个新品种、配套系，其余机构仅有 1 个申请。

（三）羊

1. 概况分析

通过对 1992—2021 年全球羊肉总产量统计发现（图 4－40），全球羊肉主要生产国为中国、印度、巴基斯坦、澳大利亚、土耳其、新西兰等。中国羊肉总产量一直位居全球首位，总体呈现持续走高的趋势，与其他主产国的差距不断拉大。2021 年，中国羊肉总产量再创新高，达到 523 万 t，占当年全球总产量的 32.0%。

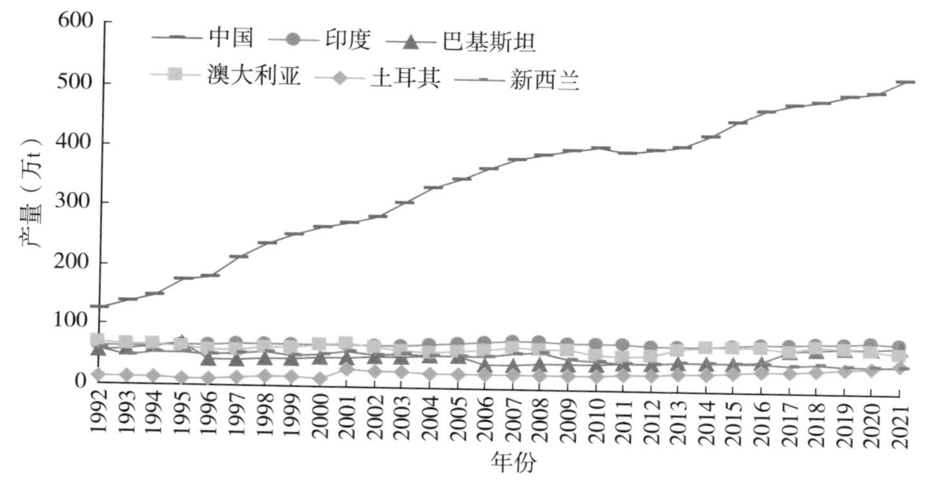

图 4－40　全球主要国家羊肉产量变化趋势

从生产水平看，全球羊胴体重水平较高的国家包括马来西亚、叙利亚、以色列、埃及、黑山等，羊胴体重超过 33kg/头。综合来看，全球羊肉总产量和羊胴体重水平均较高的国家主要有美国、澳大利亚、土耳其、新西兰、阿尔及利亚等（图 4－41）。2021 年，上述国家的羊胴体重在 18～25kg/头，均高于全球平均（2021 年为 14.6kg/头）。2021 年，中国羊胴体重为 14.6kg/头，与全球平均水平相同，但低于澳大利亚、新西兰等主产国，与全球最高胴体重国家的差距更大，差距在 15kg/头以上。

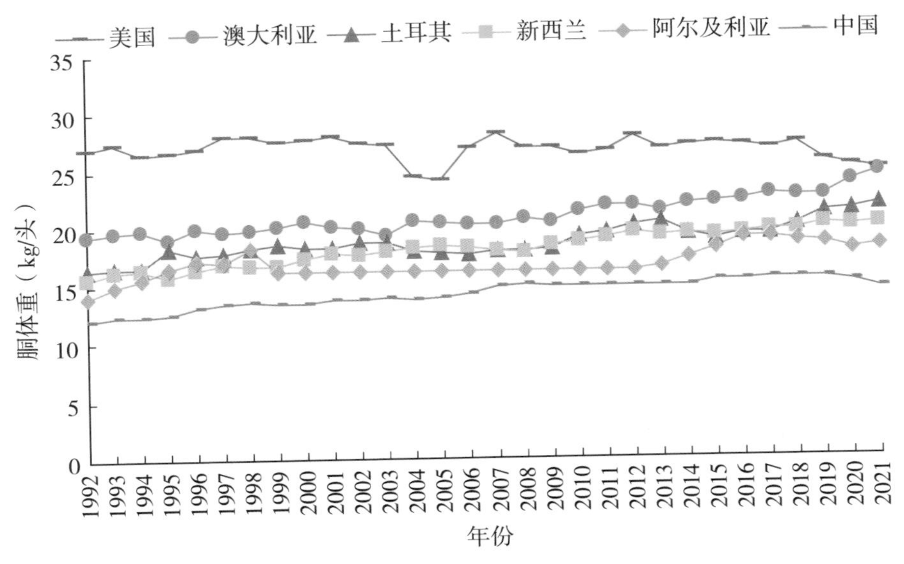

图 4-41 全球主要国家羊胴体重变化趋势（以绵羊为例）

2. 论文分析

1992—2021 年，全球羊育种领域论文数量呈现快速增长趋势，中国在 2008 年以后的论文数量几乎呈直线上升，论文总量位居全球第一，占全球论文数量的 20.3%，遥遥领先其他国家（图 4-42）。

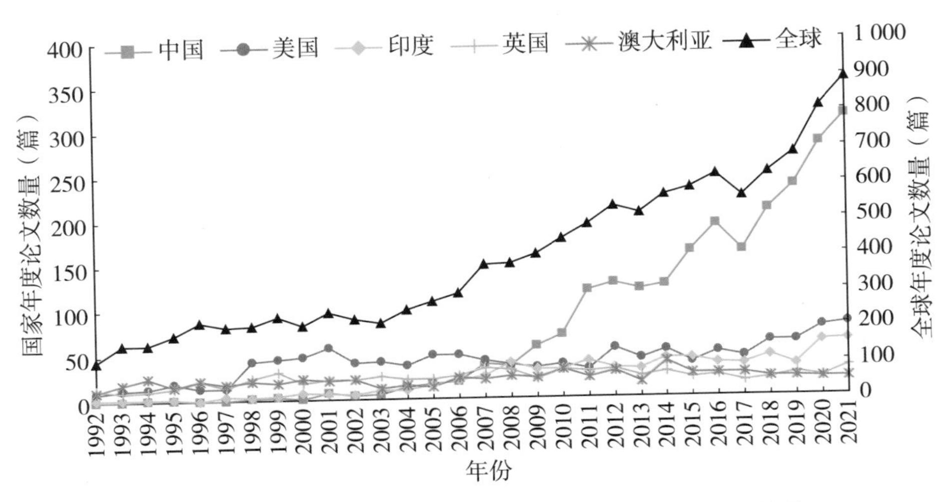

图 4-42 羊育种领域全球和排名前五国家论文年度趋势

羊育种领域核心论文主要集中在美国、法国、澳大利亚、英国等传统羊育种强国（表4-45）。这些国家从18世纪开始就十分重视品种的培育，在羊经济性状重要基因鉴定、繁殖及克隆技术创新、全基因组选择育种以及新品种培育方面为全球羊种业的实施做出了众多引领性的成果。

表4-45 羊育种领域论文数量排名前十国家分析

排序	国家	论文数量（篇）	占全球羊育种论文总量比例（%）	核心论文数量（篇）	核心论文占本国论文比例（%）
1	中国	2 376	20.3	93	3.9
2	美国	1 236	10.6	215	17.4
3	印度	700	6.0	15	2.1
4	英国	699	6.0	142	20.3
5	澳大利亚	662	5.7	100	15.1
6	意大利	586	5.0	53	9.0
7	西班牙	518	4.4	65	12.5
8	法国	498	4.3	106	21.3
9	巴西	444	3.8	9	2.0
10	伊朗	422	3.6	11	2.6
	全球	11 689	100.0	1 209	

中国核心论文数量仅为美国的43%，占本国论文总量的3.9%。法国和英国等羊育种强国论文质量整体较高，核心论文占本国论文总量的比例在20%以上，至少是中国的5倍。中国羊育种领域核心论文主要集中在把现有的高通量测序技术运用于基因组解析、地方绵羊品种比较基因组学研究等方面。

羊育种领域论文数量最多的国外科研机构包括法国国家农业食品与环境研究院、澳大利亚联邦科学与工业研究组织、英国爱丁堡大学

等（表4-46），涌现出了克隆羊之父 Lan Wilmut 及 Keith Campbell 等在世界上有较大影响力的科学家。

表4-46 羊育种领域论文数量排名前十机构和核心论文数量排名前十机构

排序	论文数量排名前十机构			核心论文数量排名前十机构		
	机构	论文数量（篇）	占全球论文比例（%）	机构	核心论文数量（篇）	核心论文占本机构论文比例（%）
1	西北农林科技大学	381	3.3	法国国家农业食品与环境研究院	71	21.5
2	法国国家农业食品与环境研究院	331	2.8	澳大利亚联邦科学与工业研究组织	33	25.0
3	中国农业科学院	328	2.8	加利福尼亚大学	30	39.5
4	印度农业研究理事会	273	2.3	爱丁堡大学	27	22.1
5	澳大利亚联邦科学与工业研究组织	132	1.1	西北农林科技大学	18	4.7
6	南京农业大学	127	1.1	中国农业科学院	17	5.2
7	美国农业部	125	1.1	德州农工大学	14	31.8
8	爱丁堡大学	122	1.0	美国农业部	13	10.4
9	中国农业大学	120	1.0	吉森大学	13	26.5
10	甘肃农业大学	110	0.9	墨尔本大学	12	14.0
10				弗吉尼亚理工学院暨州立大学	12	31.6
10				马德里康普顿斯大学	12	35.3
	全球	11 689	100.0	全球	1 209	

中国在羊育种领域科学创新机构主要包括西北农林科技大学、中

国农业科学院等，在羊新品种培育及转基因克隆育种领域同样涌现出了刘守仁院士、旭日干院士以及张涌院士等科学家。目前中国羊育种领域虽然紧跟国际前沿，但技术集成应用与自主创新仍有较大差距，品种的遗传育种基础研究尚在跟跑，品质、产量、抗逆等性状形成的分子机制研究不系统，商业化全基因组分子标记开发和实用化分子育种技术应用较少。

3. 专利分析

1992—2021 年，羊育种领域专利数量总体呈现增长趋势。中国专利数量快速增长，尤其是 2008 年以后遥遥领先其他国家。中国的专利总量占全球羊育种领域专利总量的 80%，是其他国家专利总和的 4 倍（图 4 - 43、表 4 - 47）。

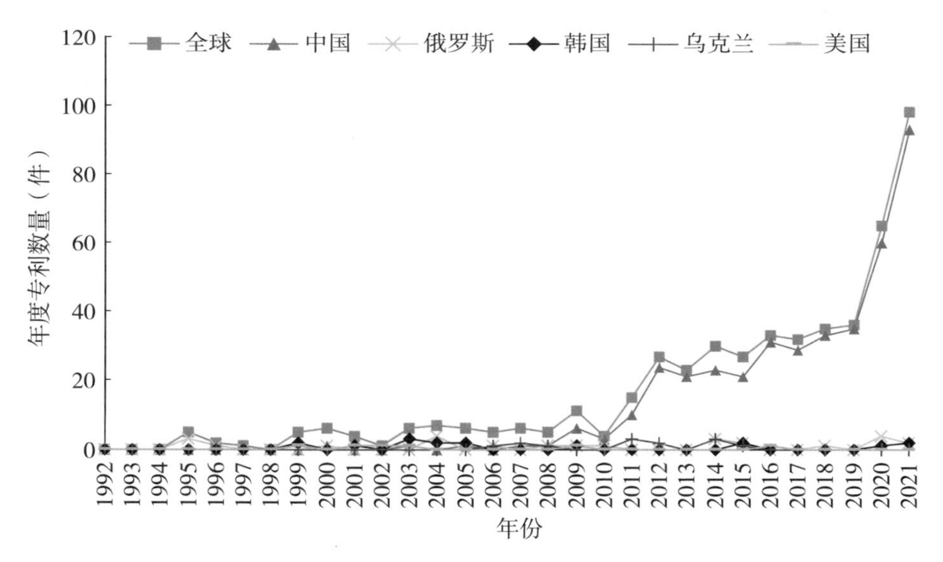

图 4 - 43　羊育种领域全球和排名前五国家专利年度趋势

从专利主要研发机构来看（表 4 - 48），羊育种领域专利数量排名前十的机构全部来自中国，主要研究机构包括中国农业科学院、西北农林科技大学、新疆农垦科学院等，但这些机构没有核心专利。这说明中国羊育种领域的核心技术水平亟待提高。

表 4-47 羊育种领域专利总量排名前十国家分析

排序	国家/地区	专利总量（件）	占全球专利总量比例（%）	专利布局广度（同族国家数均值）	核心专利数量（件）	核心专利占全球核心专利总量比例（%）	核心专利占国家专利总量比例（%）
1	中国	394	79.92	1.01	7	46.67	1.78
2	俄罗斯	25	5.07	1.00	0	0.00	0.00
3	韩国	16	3.25	5.31	3	20.00	18.75
4	乌克兰	13	2.64	1.00	0	0.00	0.00
5	美国	6	1.22	3.67	2	13.33	33.33
6	澳大利亚	6	1.22	8.83	1	6.67	16.67
7	捷克	5	1.01	1.00	0	0.00	0.00
8	意大利	5	1.01	14.00	1	6.67	20.00
9	日本	4	0.81	5.25	1	6.67	25.00
10	西班牙	3	0.61	1.67	0	0.00	0.00
10	摩尔多瓦	3	0.61	1.00	0	0.00	0.00
10	德国	3	0.61	2.33	0	0.00	0.00
	全球	493	100.00	1.45	15	100.00	3.04

表 4-48 羊育种领域专利总量排名前十机构

排序	机构	专利总量（件）	占全球专利总量比例（%）	专利布局广度
1	中国农业科学院	54	10.95	1.00
2	西北农林科技大学	27	5.48	1.00
3	中国农业大学	21	4.26	1.00
4	新疆农垦科学院	11	2.23	1.00
5	兰州大学	11	2.23	1.00
6	中国科学院	11	2.23	1.00

（续）

排序	机构	专利总量（件）	占全球专利总量比例（%）	专利布局广度
7	青岛市畜牧兽医研究所	10	2.03	1.00
8	青岛农业大学	9	1.83	1.00
9	甘肃农业大学	9	1.83	1.00
10	浙江省农业科学院	8	1.62	1.00
10	新疆维吾尔自治区畜牧科学院中国-澳大利亚绵羊育种研究中心	8	1.62	1.00
	全球	493	100.00	1.45

4. 品种登记分析

1999 年以来，中国共审定羊新品种、配套系 25 个，共涉及 89 个培育单位。其中，中国农业科学院北京畜牧兽医研究所申请量最多，为 4 个；吉林省农业科学院、四川农业大学、四川省畜牧科学研究院、山东省农业科学院畜牧兽医研究所、山东省畜牧总站、新疆农垦科学院、青岛农业大学、云南省畜牧兽医科学研究所等机构分别申请了 2 个新品种、配套系；其余机构仅有 1 个申请。

（四）鸡

1. 概况分析

通过对 1992—2021 年全球鸡肉总产量统计发现（图 4-44），全球鸡肉主要生产国为美国、中国、巴西、俄罗斯、印度尼西亚、印度等。其中，美国、中国和巴西三个国家的鸡肉年产量均呈快速增长的趋势，其余主产国的产量增长趋势相对平缓。美国是全球最主要的鸡肉生产大国，2021 年产量占全球总产量的 17.0%；中国和巴西紧随其后，全球占比分别为 12.7%和 12.0%。

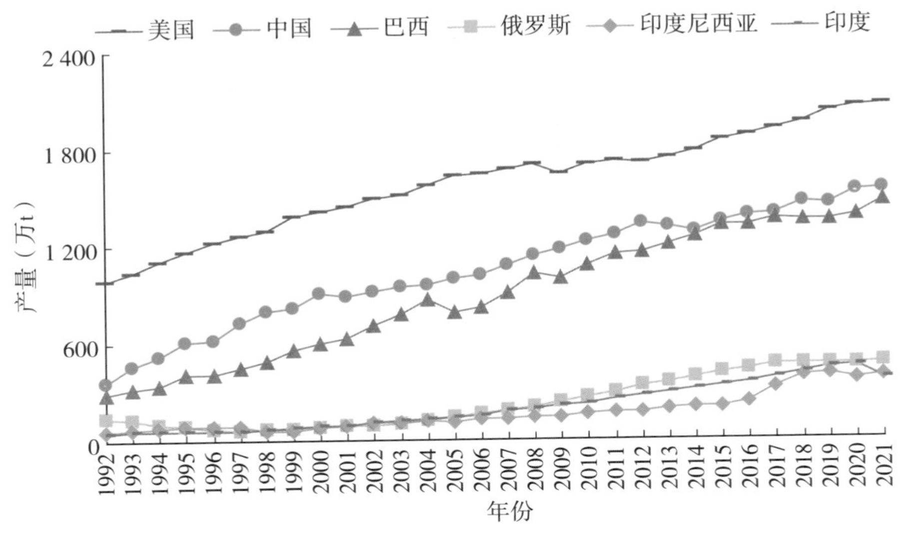

图 4-44 全球主要国家鸡肉产量变化趋势

从生产水平看，全球肉鸡总产量和鸡肉胴体重水平均较高的国家主要有阿根廷、日本、巴西、美国、俄罗斯等（图 4-45）。2021 年，上述国家的肉鸡胴体重在 1.9～3kg/只，均高于全球平均（2021 年为

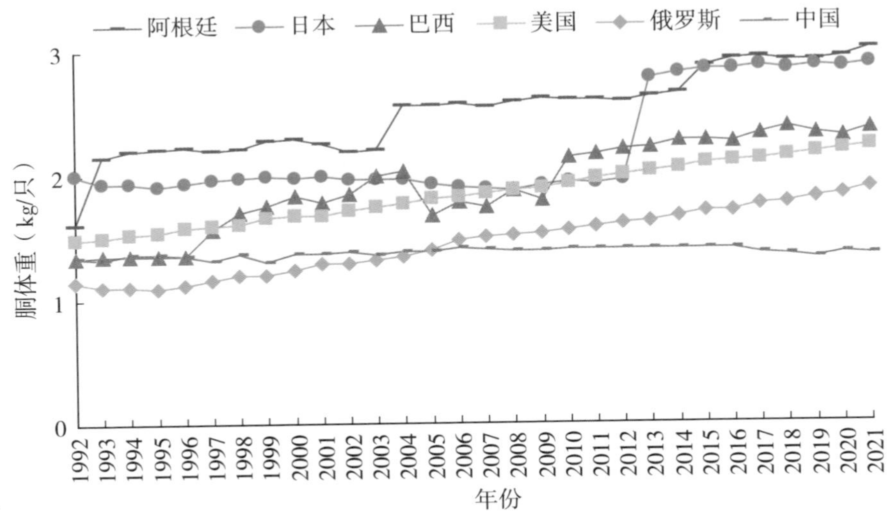

图 4-45 全球主要国家肉鸡胴体重变化趋势

1.6kg/只）。中国肉鸡胴体重（2021年为1.3kg/只）长期徘徊不前，低于全球平均水平，更低于阿根廷等主产国，与全球最高胴体重相差1.7kg/只。

2. 论文分析

1992—2021年，全球鸡育种领域论文发表数量总体呈现逐年增加趋势，特别是近年来大幅增长（图4-46）。美国长期重视鸡育种相关研究，论文数量一直较为稳定；中国自2009年后，相关研究论文数量大幅度提升，论文总量已超过美国。鸡育种领域论文发表数量前两位的国家为中国和美国，分别占全球鸡育种领域论文总量的21.2%和18.5%。

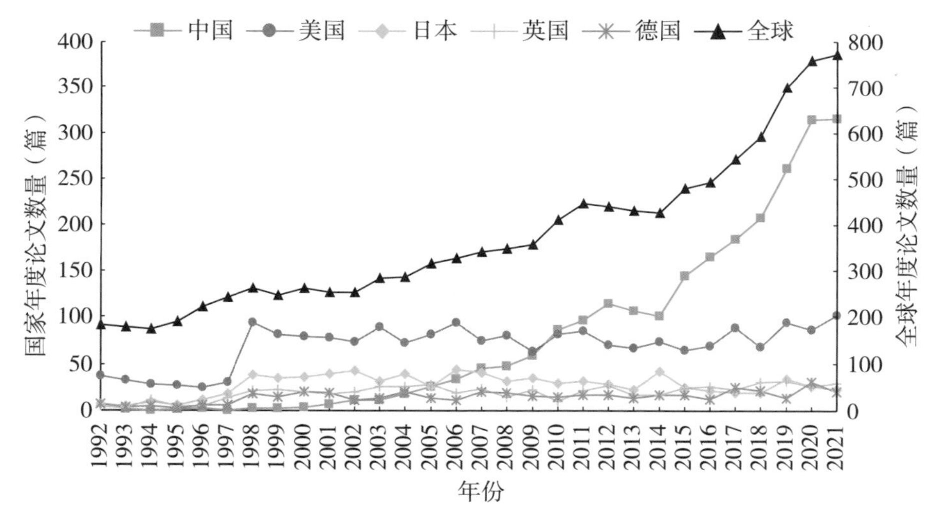

图4-46　鸡育种领域全球和排名前五国家论文年度趋势

从核心论文来看（表4-49），美国鸡育种领域核心论文数量最多，具有明显的领先优势，占全球核心论文总量的26.9%。虽然中国在鸡育种领域总体研究产出已超过了美国，但在核心论文数量上有较大差距，远少于美国和英国，仅为美国的19.2%和英国的46.2%。

表 4-49 鸡育种领域论文数量排名前十国家分析

排序	国家	论文数量（篇）	占全球鸡育种论文总量比例（%）	核心论文数量（篇）	核心论文占本国论文比例（%）
1	中国	2 392	21.2	60	2.5
2	美国	2 087	18.5	311	14.9
3	日本	816	7.2	82	10.0
4	英国	586	5.2	130	22.2
5	德国	445	3.9	58	13.0
6	法国	396	3.5	58	14.6
7	韩国	331	2.9	17	5.1
8	印度	305	2.7	6	2.0
9	加拿大	285	2.5	26	9.1
10	巴西	284	2.5	7	2.5
	全球	11 275	100.0	1 157	

从主要科研机构来看（表 4-50），鸡育种领域论文数量前十的科研机构中，中国研究机构有 7 家，另外 3 家机构分别为美国农业部、法国国家农业食品与环境研究院和荷兰瓦赫宁根大学及研究中心。然而，核心论文数量排名前十机构中，中国仅有中国农业大学入围，其核心论文占机构发文总量比例仅为 3.5%，而其余 9 家机构的核心论文占比在 12.3%～37.5%。

表 4-50 鸡育种领域论文数量排名前十机构和核心论文数量排名前十机构

排序	论文数量排名前十机构			核心论文数量排名前十机构		
	机构	论文数量（篇）	占全球论文比例（%）	机构	核心论文数量（篇）	核心论文占本机构论文比例（%）
1	中国农业大学	313	2.8	美国农业部	51	20.6
2	中国农业科学院	260	2.3	法国国家农业食品与环境研究院	34	15.2

（续）

排序	论文数量排名前十机构			核心论文数量排名前十机构		
	机构	论文数量（篇）	占全球论文比例（%）	机构	核心论文数量（篇）	核心论文占本机构论文比例（%）
3	美国农业部	247	2.2	瓦赫宁根大学及研究中心	20	15.5
4	法国国家农业食品与环境研究院	223	2.0	加利福尼亚大学	16	14.8
5	扬州大学	177	1.6	哈佛大学	15	37.5
6	华南农业大学	147	1.3	首尔国立大学	13	12.3
7	瓦赫宁根大学及研究中心	129	1.1	爱荷华州立大学	12	12.4
8	四川农业大学	123	1.1	中国农业大学	11	3.5
9	东北农业大学	120	1.1	爱丁堡大学	11	13.3
10	河南农业大学	114	1.0	弗吉尼亚理工学院暨州立大学	10	16.4
	全球	11 275	100.0	全球	1 157	

3. 专利分析

1992—2021 年，鸡育种领域专利数量前期呈现缓慢增加趋势，2013 年之后专利数量快速增长并持续维持在高位。近 10 年，中国在鸡育种领域专利数量上呈现出一家独大的态势（图 4－47）。

从各国专利数量来看（表 4－51），中国鸡育种领域专利数量达到 520 件，占全球总量的 72.73%，远超过第二名俄罗斯（67 件）。其中，中国和美国的核心专利数量位居前两位；法国重视技术的全球布局，其专利布局广度达 6.83。

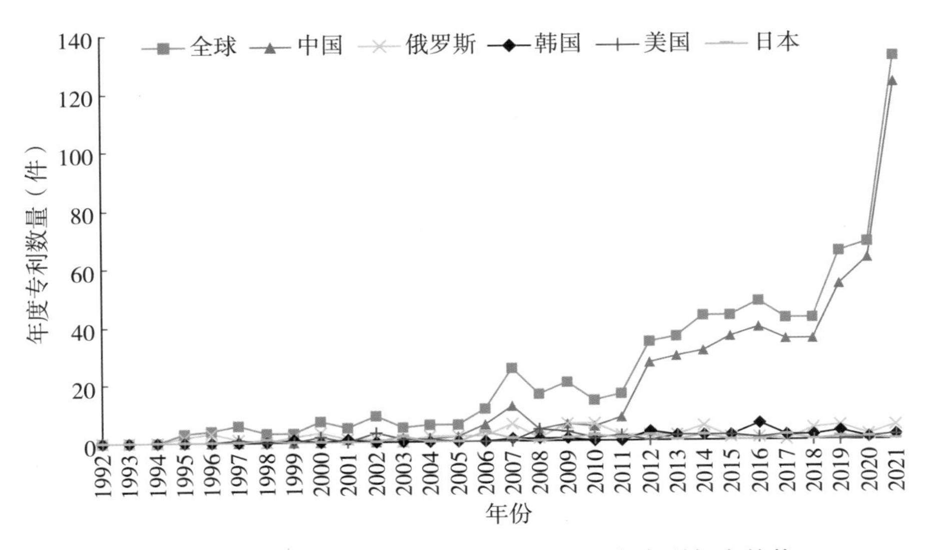

图 4-47 鸡育种领域全球和排名前五国家专利年度趋势

表 4-51 鸡育种领域专利总量排名前十国家/地区分析

排序	国家/地区	专利总量（件）	占全球专利总量比例（%）	专利布局广度（同族国家数均值）	核心专利数量（件）	核心专利占全球核心专利总量比例（%）	核心专利占国家专利总量比例（%）
1	中国	520	72.73	1.01	24	40.00	4.62
2	俄罗斯	67	9.37	1.00	0	0.00	0.00
3	韩国	30	4.20	1.13	2	3.33	6.67
4	美国	30	4.20	4.10	15	25.00	50.00
5	日本	19	2.66	4.63	12	20.00	63.16
6	法国	12	1.68	6.83	2	3.33	16.67
7	乌克兰	7	0.98	1.00	0	0.00	0.00
8	中国台湾	7	0.98	1.14	0	0.00	0.00
9	罗马尼亚	5	0.70	1.00	0	0.00	0.00
10	加拿大	5	0.70	1.60	4	6.67	80.00
	全球	715	100.00	1.41	60	100.00	8.39

从专利科研机构分析发现（表 4－52），鸡育种领域全球专利数量前十的研究机构全部来自中国，均为农科院所和大学等公共科研单位，包括中国农业科学院、中国农业大学、河南农业大学等。

表 4－52 鸡育种领域专利总量和核心专利主要申请机构

排序	专利总量主要申请机构				核心专利主要申请机构		
	机构	专利总量（件）	占全球专利总量比例（%）	专利布局广度	机构	核心专利数量（件）	核心专利占全球核心专利总量比例（%）
1	中国农业科学院	56	7.83	1.04	SYNAGEVA公司	4	20.00
2	中国农业大学	37	5.17	1.00	北京市华都峪口禽业有限责任公司	3	6.67
3	河南农业大学	33	4.62	1.00	佐治亚大学	3	6.67
4	华南农业大学	24	3.36	1.00	中国农业大学	2	6.67
5	山东农业大学	19	2.66	1.00	CRYSTAL生物科学公司	2	6.67
6	扬州大学	16	2.24	1.00			
7	华中农业大学	15	2.10	1.00			
8	东北农业大学	13	1.82	1.00			
9	四川农业大学	9	1.26	1.00			
10	南昌师范学院	9	1.26	1.00			
	全球	715	100.00	1.41	全球	60	100.00

4. 品种登记分析

1999 年以来，中国共审定鸡新品种、配套系 91 个，涉及 85 家培育单位。其中，蛋鸡、黄羽肉鸡、白羽肉鸡各 23 个、62 个和 6 个。中国农业大学（9 个）、北京市华都峪口禽业有限责任公司（8

个)、中国农业科学院北京畜牧兽医研究所（8个)、广东温氏食品集团股份有限公司（5个)、江苏省家禽科学研究所（5个）位列申请量的前五位，为优势申请机构。

四、水产

(一) 淡水鱼

1. 概况分析

全球对淡水鱼类的消费需求持续提升，草鱼是产量最大的淡水养殖鱼类。2020年，全球淡水养殖有鳍鱼类产量达到4 912万t，比2018年增长了4.6%，主要养殖国家包括中国、印度、印度尼西亚、越南、孟加拉国、埃及、菲律宾等（图4-48)。中国是全球最大的淡水鱼养殖国家。2020年，中国淡水有鳍鱼类养殖产量为2 586.4万t，全球占比高达52.6%，超过全球半数，约占中国淡水养殖产量的80%。

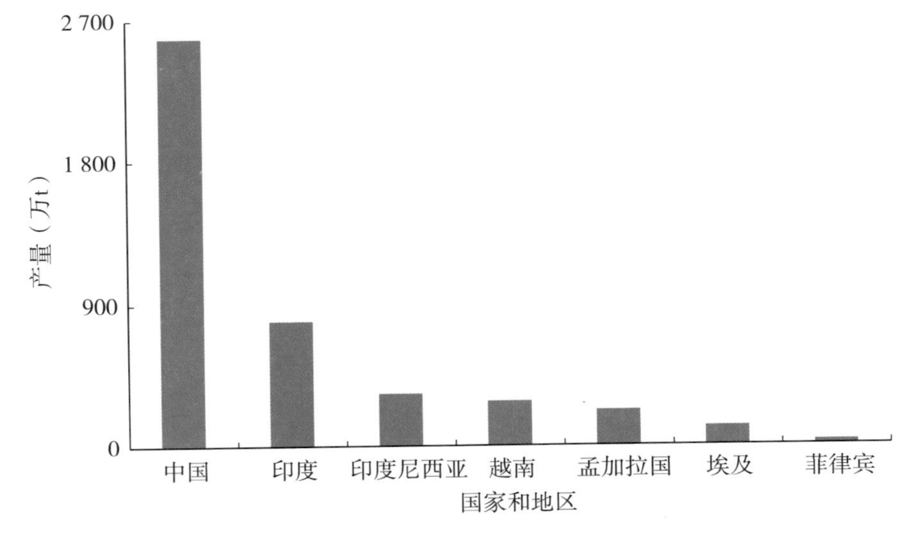

图4-48　2020年全球主要国家和地区淡水养殖有鳍鱼类生产情况

在所有淡水养殖鱼类中，全球主要养殖品种为草鱼、鲢鱼、罗非鱼、鲤鱼、卡特拉鲃、鳙鱼、鲫鱼类、低眼无齿巨鲶、南亚野鲮等，产量均在 200 万 t 以上；其中草鱼的产量最高，达到 579 万 t，占全球淡水有鳍鱼类养殖总产量的 11.8%。青、草、鲢、鳙、鲤、鲫和鲂等大宗淡水鱼类是中国淡水养殖的主导鱼类，鲈、鳢、鳜、黄颡和鮰等是主要淡水名特优鱼类，也是中国淡水养殖种业的支柱。

2. 论文分析

从年度论文数量趋势来看（图 4-49），全球淡水鱼育种领域论文数量总体呈现增加趋势。2009 年起，中国成为该领域年度论文数量最多的国家；自 2011 年以来，中国论文数量增速显著提升，目前已成为该领域研究的主要产出国，论文数量远超其他国家。至 2021 年，中国年度论文数量是美国的 5.4 倍，总论文数量占全球该领域研究论文总量的 29.8%。

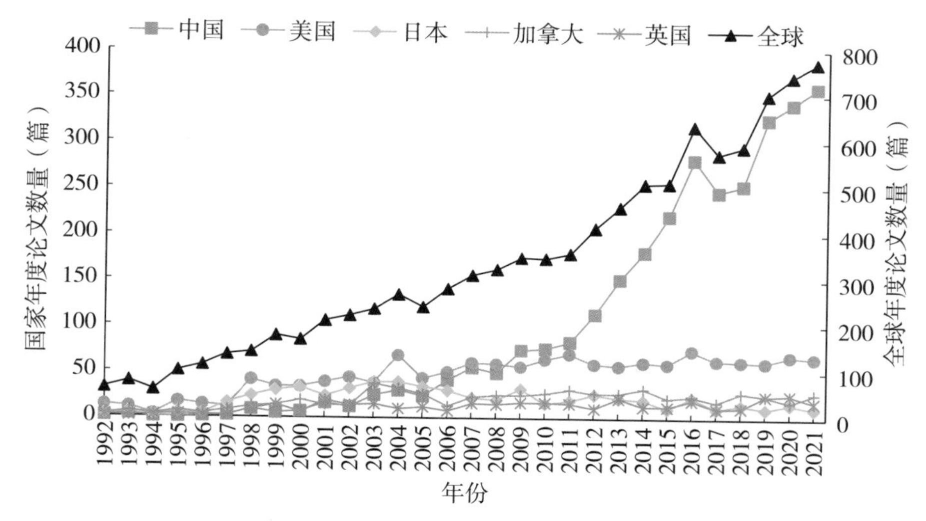

图 4-49　淡水鱼育种领域全球和排名前五国家论文年度趋势

从核心论文来看（表 4-53），美国核心论文数量最多，占全球淡水鱼育种领域核心论文总量的 19.9%，占本国论文比例为 16.5%。中国在淡水鱼育种领域的核心论文数量位居全球第二，为美国核心论

文的 72.5%左右，但核心论文数量仅占本国论文总量的 5.5%，论文总体竞争力与美国仍有差距。

表 4-53 淡水鱼育种领域论文数量排名前十国家分析

排序	国家	论文数量（篇）	占全球淡水鱼育种论文总量比例（%）	核心论文数量（篇）	核心论文占本国论文比例（%）
1	中国	3 058	29.8	169	5.5
2	美国	1 410	13.8	233	16.5
3	日本	597	5.8	81	13.6
4	加拿大	593	5.8	97	16.4
5	英国	374	3.6	105	28.1
6	法国	338	3.3	60	17.8
7	巴西	293	2.9	9	3.1
8	西班牙	207	2.0	28	13.5
9	印度	206	2.0	7	3.4
10	德国	202	2.0	36	17.8
	全球	10 248	100.0	1 169	

从淡水鱼育种领域主要发文机构来看（表 4-54），该领域发文排名前十的机构中有 6 家中国机构，分别为中国科学院、中国水产科学研究院、华中农业大学、上海海洋大学、湖南师范大学、中山大学。从核心论文数量排名前十位的机构来看，中国仅有中国科学院、中国水产科学研究院和西北农林科技大学入围；英国阿伯丁大学的核心论文数量最多，占本机构论文数量的 50.5%；中国机构核心论文占本机构论文比例普遍较低，三家机构的占比在 6.2%～16.5%。

总体而言，中国是淡水鱼育种领域的主要发文国家，论文总量是美国的 2.2 倍。尤其自 2011 年后，中国淡水鱼育种领域论文数量增速显著提升。但中国在核心论文竞争力上与美国还有较大差距，核心论文数量仅约为美国的72.5%；从科研机构来看，中国有6家进入全球论文数量前十行列，有3家机构进入核心论文数量前十行列，其中中国科学院论文数量全球第一、核心论文数量全球第二。

表4-54 淡水鱼育种领域论文数量排名前十机构和核心论文数量排名前十机构

排序	论文数量排名前十机构			核心论文数量排名前十机构		
	机构	论文数量（篇）	占淡水鱼育种论文总量比例（%）	机构	核心论文数量（篇）	核心论文占本机构论文比例（%）
1	中国科学院	444	4.3	阿伯丁大学	51	50.5
2	中国水产科学研究院	405	4.0	中国科学院	48	10.8
3	华中农业大学	225	2.2	法国国家农业食品与环境研究院	33	23.1
4	上海海洋大学	192	1.9	中国水产科学研究院	25	6.2
5	湖南师范大学	146	1.4	加利福尼亚大学	20	20.6
6	法国国家农业食品与环境研究院	143	1.4	圭尔夫大学	19	23.5
7	美国农业部	103	1.0	瓦赫宁根大学及研究中心	19	25.0
8	阿伯丁大学	101	1.0	美国农业部	18	17.5
9	加利福尼亚大学	97	0.9	拉瓦尔大学	17	38.6
10	中山大学	92	0.9	西北农林科技大学	13	16.5
10				美国地质调查局	13	20.0
	全球	10 248	100.0	全球	1 169	

3. 专利分析

从淡水鱼育种领域年度专利数量分析发现（图 4－50），全球专利数量呈现波动增长趋势，2015 年后年度专利数量出现下降，2019 年后开始大幅增加。中国专利数量位居全球第一，占全球专利总量的 80.07%，是美国的 20 倍以上。

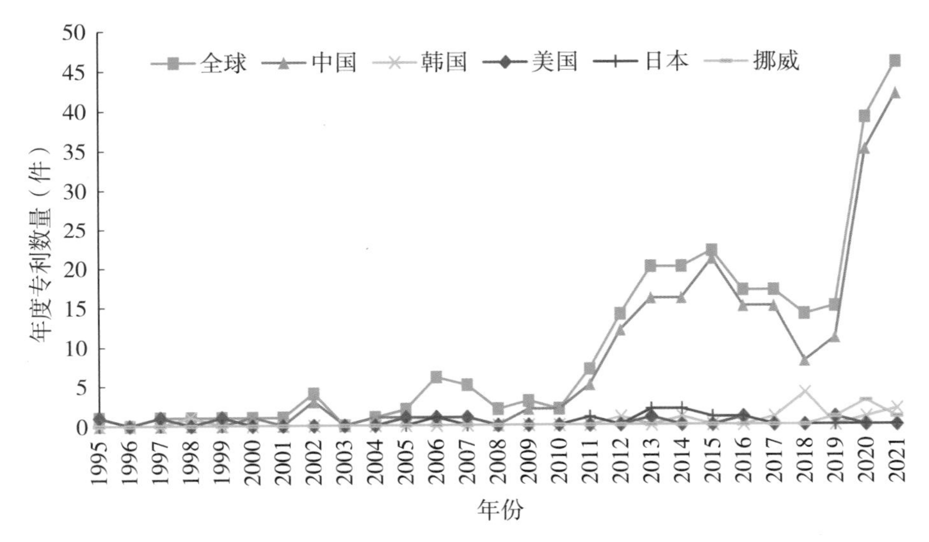

图 4－50 淡水鱼育种领域全球和排名前五国家专利年度趋势

从核心专利来看（表 4－55），日本和美国核心专利数量最多，分别占全球淡水鱼育种领域核心专利总量的 40.00%和 26.67%。中国的核心专利仅为 2 件，占全球核心专利比例为 13.33%，占本国专利总量的比例也较低，仅为 0.92%。此外，中国的专利布局广度也较低，远低于法国。

从主要专利申请机构来看（表 4－56），该领域专利数量排名前十机构全部为中国机构，包括 7 所高校和 3 家科研机构。其中，中国水产科学研究院和中国科学院的专利数量位居全球前两位，两者之和占全球淡水鱼相关专利总数的近 29%。但上述这些中国机构仅拥有 1 件核心专利，数量较少。

表 4-55 淡水鱼育种领域专利总量排名前十国家/地区分析

排序	国家/地区	专利总量（件）	占全球专利总量比例（%）	专利布局广度（同族国家数均值）	核心专利数量（件）	核心专利占全球核心专利总量比例（%）	核心专利占国家专利总量比例（%）
1	中国	217	80.07	1.02	2	13.33	0.92
2	韩国	11	4.06	1.18	2	13.33	18.18
3	美国	9	3.32	3.22	4	26.67	44.44
4	日本	8	2.95	6.75	6	40.00	75.00
5	挪威	5	1.85	7.60	0	0.00	0.00
6	法国	3	1.11	9.00	2	13.33	66.67
7	中国台湾	3	1.11	2.67	0	0.00	0.00
8	俄罗斯	3	1.11	1.00	0	0.00	0.00
9	摩尔多瓦	3	1.11	1.00	0	0.00	0.00
10	加拿大	2	0.74	5.00	0	0.00	0.00
	全球	271	100.00	1.57	15	100.00	6.91

表 4-56 淡水鱼育种领域专利总量排名前十机构

排序	机构	专利总量（件）	占全球专利总量比例（%）	专利布局广度	核心专利数量（件）	核心专利占全球核心专利总量比例（%）
1	中国水产科学研究院	67	24.72	1.10	0	0.00
2	中国科学院	11	4.06	1.36	1	5.00
3	上海海洋大学	11	4.06	1.18	0	0.00
4	华中农业大学	10	3.69	1.00	0	0.00
5	中山大学	9	3.32	1.11	0	0.00
6	长沙学院	6	2.21	1.00	0	0.00
7	四川农业大学	6	2.21	1.00	0	0.00

（续）

排序	机构	专利总量（件）	占全球专利总量比例（%）	专利布局广度	核心专利数量（件）	核心专利占全球核心专利总量比例（%）
8	西南大学	5	1.85	1.00	0	0.00
9	北京市农林科学院	5	1.85	1.00	0	0.00
10	南京师范大学	4	1.48	1.00	0	0.00
	全球	271	100.00	1.77	15	100.00

总体而言，中国是淡水鱼育种领域专利数量最多的国家，占全球专利总量的 80.07%，位居第三的美国仅为中国专利数量的 4%。从核心专利来看，日本和美国核心专利数量最多，合计占据全球核心专利的 66.67%；中国仅拥有 2 件核心专利，占全球核心专利总量的 13.33%，占本国专利总量比例为 0.92%，说明专利质量有待进一步提高。

4. 品种登记分析

1996 年以来，中国共审定淡水鱼新品种 105 个，共涉及 93 家培育单位。其中，鲤鱼、鲫鱼、罗非鱼新品种申请数量最多，依次为 32 个、15 个和 11 个。中国水产科学研究院黑龙江水产研究所（14 个）、中国水产科学研究院珠江水产研究所（10 个）和中国水产科学研究院淡水渔业研究中心（8 个）是申请数量最多的 3 家机构。

（二）海水鱼

1. 概况分析

全球对海水鱼类的消费需求同样不断攀升，大西洋鲑是主要海水养殖鱼类。2020 年，全球海洋及近海养殖有鳍鱼类产量达到 834 万 t，比 2018 年增长了 13.8%，主要养殖国家包括中国、挪威、智利、印度尼西亚、菲律宾、埃及、越南等（图 4－51）。中国是全球最大的海水鱼养殖国家。2020 年，中国海洋及近海养殖有鳍鱼类产量为 170 万 t，全球占比达到 20.4%。在所有海水养殖鱼类中，全球主要养殖品种为大西洋鲑、遮目鱼、鲻鱼、金头鲷、大黄鱼、欧洲海鲈、石斑鱼、银鲑等，产量均在 20 万 t 以上；其中大西洋鲑的养殖产量最高，达到 272 万 t，占海水有鳍鱼类养殖总产量的 32.6%。大黄鱼是中国养殖产量最高的海水鱼类，2020 年中国大黄鱼养殖产量为 25.4 万 t[①]。

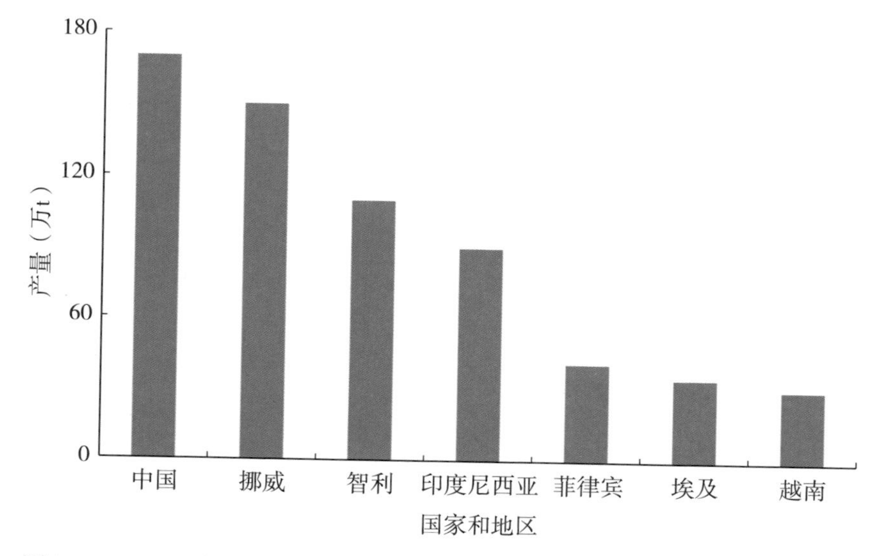

图4-51 2020 年全球主要国家和地区海洋及近海养殖有鳍鱼类生产情况

2. 论文分析

从论文年度趋势来看（图 4-52），全球海水鱼育种领域论文数量总体呈现增加趋势，尤其是自 2002 年以来，增长更为快速。在 1992—2002 年的 10 年间，美国、加拿大和日本一直是海水鱼研究的主要产出国。中国海水鱼育种相关研究论文数量自 2003 年有了大幅

① 张寒，2021. 中国鱼类养殖行业发展现状分析，海水养殖鱼类产量逐年上升．华经情报网．https：//www. huaon. com/channel/trend/774057. html.

度提升，2006 年超过美国和日本，2021 年年度论文数量接近美国的 7 倍。

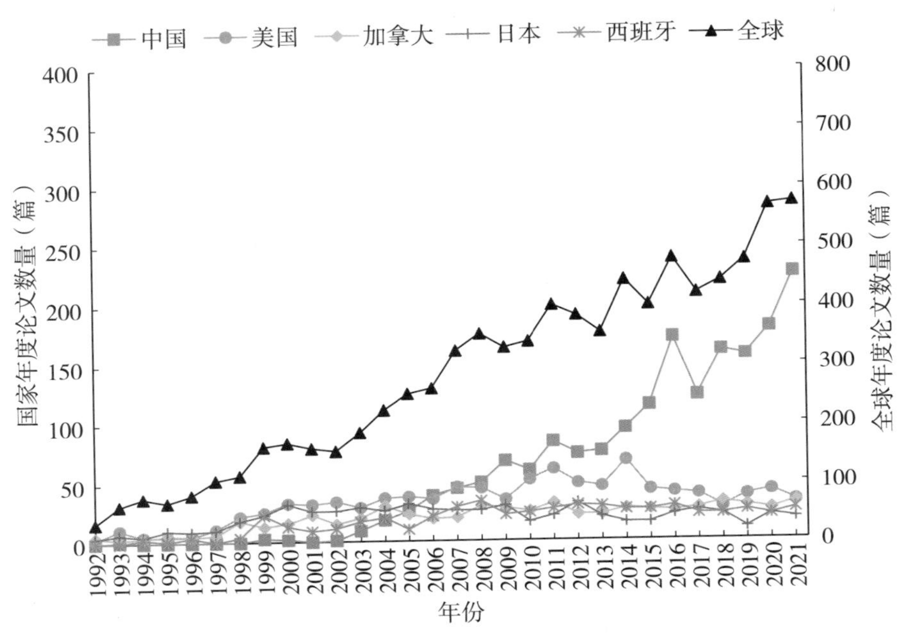

图 4－52 海水鱼育种领域全球和排名前五国家论文年度趋势

从核心论文来看（表 4－57），美国和中国的核心论文总量分别为 84 篇和 153 篇，各占全球海水鱼育种领域核心论文总量的 8.5% 和 15.5%，分别占本国论文的 4.58%和 15.38%。

从主要科研机构来看（表 4－58），海水鱼育种领域论文数量排名前十机构中有 5 家机构来自中国，包括中国水产科学研究院、中国海洋大学、中山大学、中国科学院和青岛海洋科学与技术试点国家实验室；加拿大、西班牙、挪威、英国和美国各有一家机构。从核心论文数量排名前十机构来看，加拿大渔业及海洋部和斯特灵大学核心论文数量最多，排名第一位和第二位，占本机构论文比例仅为 15.75% 和 26.74%。相比之下，中国机构的核心论文占比较低，论文质量有待于进一步提高。

表 4-57 海水鱼育种领域论文数量排名前十国家分析

排序	国家	论文数量（篇）	占全球海水鱼论文总量比例（%）	核心论文数量（篇）	核心论文占本国论文比例（%）
1	中国	1 834	21.68	84	4.58
2	美国	995	11.76	153	15.38
3	加拿大	613	7.25	107	17.46
4	日本	604	7.14	79	13.08
5	西班牙	530	6.27	78	14.72
6	挪威	525	6.21	107	20.38
7	英国	395	4.67	80	20.25
8	澳大利亚	230	2.72	23	10.00
9	意大利	210	2.48	24	11.43
10	韩国	203	2.40	2	0.99
	全球	8 458	100.00	984	

表 4-58 海水鱼育种领域论文数量排名前十机构和核心论文数量排名前十机构

排序	论文数量排名前十机构			核心论文数量排名前十机构		
	机构	论文数量（篇）	占海水鱼育种论文总量比例（%）	机构	核心论文数量（篇）	核心论文占本机构论文比例（%）
1	中国水产科学研究院	332	3.93	加拿大渔业及海洋部	23	15.75
2	中国海洋大学	202	2.39	斯特灵大学	23	26.74
3	加拿大渔业及海洋部	146	1.73	西班牙国家研究委员会	21	22.58
4	中山大学	139	1.64	挪威海洋研究所	21	23.86
5	中国科学院	138	1.63	中国水产科学研究院	18	5.42
6	西班牙国家研究委员会	93	1.10	华盛顿大学	18	20.93

（续）

排序	论文数量排名前十机构			核心论文数量排名前十机构		
	机构	论文数量（篇）	占海水鱼育种论文总量比例（%）	机构	核心论文数量（篇）	核心论文占本机构论文比例（%）
7	挪威海洋研究所	88	1.04	拉瓦尔大学	16	38.10
8	斯特灵大学	86	1.02	东京海洋大学	13	24.07
9	华盛顿大学	86	1.02	卑尔根大学	12	17.14
10	青岛海洋科学与技术试点国家实验室	74	0.87	中国科学院	11	7.97
	全球	8 458	100.00	全球	984	

总体而言，中国近年来海水鱼育种领域研究总量有了大幅度提升，但在核心论文竞争力上稍落后于欧美国家。从机构来看，中国机构表现突出，论文数量排名前十机构中有 5 家，其中中国水产科学研究院竞争优势明显，中国海洋大学、中山大学和中国科学院紧随其后。

3. 专利分析

从专利年度申请趋势分析发现（图 4 - 53），全球海水鱼育种领域专利数量总体呈现增长趋势，尤其是自 2010 年以来，专利数量增长速度加快。中国自 2006 年以来一直是海水鱼育种领域的专利主要持有国。韩国位居全球第二，但是专利总量仅为中国的 1/4。

从各国专利总量来看（表 4 - 59），中国的专利总量为 175 件，处于绝对优势，占全球海水鱼育种领域相关专利总量的 62.95%；韩国专利总量排名全球第二，但与中国差距较大，仅有 45 件。韩国和中国核心专利均为 5 件，均占全球核心专利总量的 17.24%；美国虽然专利总量仅有 9 件，远少于中国，但其中 8 件为核心专利，占全球

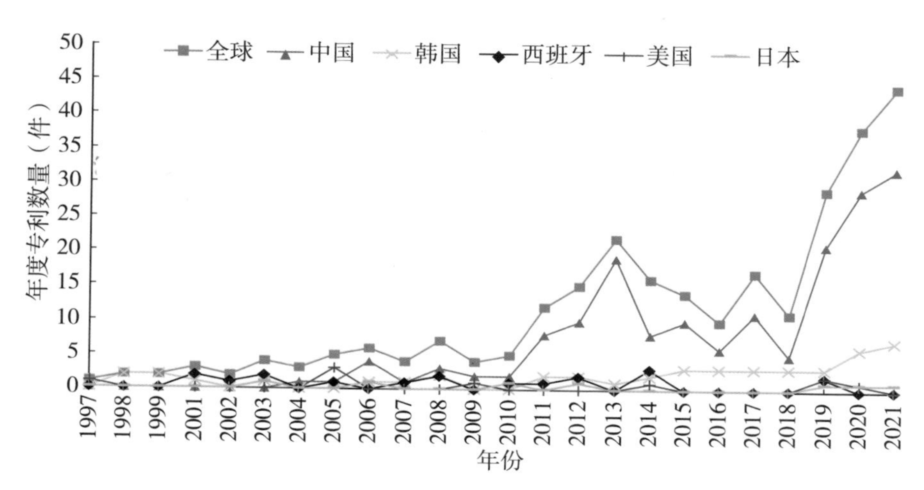

图 4-53　海水鱼育种领域全球和排名前五国家专利年度趋势

核心专利总量的 27.59%。以上数据说明，中国的专利总量全球第一，但核心专利数量和占比都落后于美国。

表 4-59　海水鱼育种领域专利总量排名前十国家/地区专利情况分析

排序	国家/地区	专利总量（件）	占全球专利总量比例（%）	专利布局广度（同族国家数均值）	核心专利数量（件）	核心专利占全球核心专利总量比例（%）	核心专利占国家专利总量比例（%）
1	中国	175	62.95	1.38	5	17.24	2.86
2	韩国	45	16.19	1.44	5	17.24	11.11
3	西班牙	18	6.47	5.44	2	6.90	11.11
4	美国	9	3.24	2.43	8	27.59	88.89
5	日本	7	2.52	6.00	0	0.00	0.00
6	挪威	5	1.80	1.00	3	10.34	60.00
7	中国台湾	4	1.44	6.33	0	0.00	0.00
8	法国	3	1.08	1.00	2	6.90	66.67
9	俄罗斯	2	0.72	1.00	0	0.00	0.00
10	加拿大	2	0.72	1.01	0	0.00	0.00
	全球	278	100.00	1.53	29	100.00	10.43

从专利申请机构来看（表 4－60），海水鱼育种相关专利主要掌握在中国科研院所和高校手中，有 8 家机构进入全球专利数量前十行列。中国 8 家机构专利总量占全球的 40.30%。其中，中国水产科学研究院和中山大学的专利数量位居全球前两位，两者之和占全球海水鱼育种相关专利总量的近 23.02%。此外，中国机构还包括中国农业科学院、集美大学、中国科学院、厦门大学等。

表 4－60　海水鱼育种领域专利总量排名前十机构

排序	机构	专利总量（件）	占全球专利总量比例（%）	专利布局广度
1	中国水产科学研究院	44	15.83	1.11
2	中山大学	20	7.19	1.05
3	中国科学院	12	4.32	1.17
4	韩国国立水产科学院	10	3.60	1.40
5	集美大学	10	3.60	1.00
6	厦门大学	8	2.88	1.00
7	天津渤海水产研究所	8	2.88	1.00
8	中国农业科学院	6	2.16	1.00
9	西班牙国家研究委员会	4	1.44	2.00
10	中国海洋大学	4	1.44	1.00
	全球	278	100.00	1.97

总体而言，无论从专利总量还是核心专利数量角度，中国在海水鱼育种领域均占有绝对优势。韩国在海水鱼育种域的专利总量排名第二，专利总量仅为中国的 25.7%，其核心专利数量和中国持平。美国虽然专利总量仅为中国的 5.1%，但其核心专利数量多于中国。

4. 品种登记分析

1996 年以来，中国共审定海水鱼新品种 16 个，其中包括鲆鱼 8

个、大黄鱼 3 个、石斑鱼 2 个及罗非鱼 1 个、鳎鱼 1 个、黄姑鱼 1 个。相关申请单位较为分散，共涉及 26 家。其中，中国水产科学研究院黄海水产研究所是新品种申请数量最多的机构，达到 7 个，其申请类型主要为鲆鱼，其次为石斑鱼和鳎鱼。

第五章　全球主要国家生物种业创新概况

一、主要国家生物种业发展政策法规

（一）美国

美国出台了一系列战略规划，加强生物育种领域研究布局。自1998年起，美国启动实施了《国家植物基因组计划》，并定期制定五年规划来组织协调，以加速植物基因组学基础发现和应用创新。自2013年以来，美国农业部实施了国家计划“301”——《植物遗传资源、基因组学和遗传改良计划》，旨在使美国成为全球植物遗传资源、基因组学和基因改良方面的领导者。2019年，美国国家科学院发布《至2030年推动食品与农业研究的科学突破》战略报告[①]，明确了未来十年美国农业与食品研究的主要目标，指出基因组学和精准育种是解决关键技术挑战的技术机遇。2019年，美国农业部发布《从基因组到表型组：改善动物健康、生产和福利——美国农业部动物基因组

---

① National Academies of Sciences, Engineering, and Medicine, 2019. Science Breakthroughs to Advance Food and Agricultural Research by 2030. Washington, DC: The National Academies Press.

学研究新蓝图（2018—2027年）》[①]，阐明了未来美国动物基因组学研究的优先事项，重点聚焦微生物组学、基因编辑等新兴技术的使用及遗传多样性保护等新目标。2021年，美国农业部发布的《美国农业创新战略》报告[②]指出，基因组设计是对未来农业创新具有重大影响的新兴领域之一，要重点利用基因组学和精准育种技术，解析、调控和改良重要农业生物性状，助力培育高产、抗逆、抗病虫及高养分利用效率的动植物新品种。

构建完善的法规体系保护种业创新。美国的种业和私营企业能够发展壮大，离不开完善的品种创新保护体系。美国通过《植物专利法》《植物新品种保护法案》和《专利法》为研发新植物品种提供了广泛的激励和保护。品种保护证书在激励私营企业育种创新积极性尤其是在大豆和玉米品种研发方面发挥了重要作用，这两个物种品种保护证书数量之和占据美国农作物品种保护证书总数的一半以上。此外，美国还通过种子认证和质量检测来保障农民的利益，通过严格的监管维持市场秩序，确保创新企业的优良成长环境和种业的健康发展。

不断简化生物技术监管法规，积极推动新育种技术应用。美国生物育种产业化发展一直走在世界前列，这得益于其相对较为宽松的生物技术监管政策。近年来，针对生物技术制度监管落后于生物技术迅猛发展等问题，美国出台了一系列决策以应对上述问题。2015年，美国总统行政办公室签发了一份题为“实现生物技术产品监管体系现代化”的备忘录，指示对生物技术产品具有管辖权的美国食

---

① Rexroad C，Vallet J，Matukumalli L K，et al.，2019. Genome to phenome：improving animal health，production，and well - being - a new usda blueprint for animal genome research 2018—2027. Front Genet. 10：327.

② USDA，2021. U. S. agriculture innovation strategy：a directional vision for research. https://www.usda.gov/sites/default/files/documents/AIS.508 - 01.06.2021.pdf.

品和药品监督管理局、美国环境保护署、美国农业部三家政府机构更新《生物技术产品监管协调框架》，并制定长期战略，确保监管系统对新兴生物技术产品发展做好应对①。联邦政府随后于 2016 年发布的《生物技术产品监管体系现代化国家战略》② 提出了愿景和目标，以确保联邦监管体系能够有效评估与未来生物技术产品相关的风险，促进公众对监管过程的信息获取，提高透明度和可预测性，减少不必要的成本和负担。2017 年，白宫科技政策办公室发布了更新版的协调框架，阐明了各机构在生物技术产品监管方面的角色和责任③。2019 年，美国总统签署了一项题为“农业生物技术产品监管框架现代化”的行政命令④，要求联邦机构简化转基因植物的监管程序，将低风险产品从现有规则中免除。2020 年，美国农业部根据基因工程的发展和对转基因生物产生植物病害风险的理解，自 1987 年以来首次全面修订了《转基因生物管理》法规，明确了部分基因编辑植物将不受该法规监管，已获批的转基因作物品种衍生物将自动通过审批⑤。这些举措大大加快了生物技术作物走向市场的进程。

---

① The Executive Office of the President, 2015. Memorandum for heads of food and drug administration, environmental protection agency, and department of agriculture. https://www.epa.gov/sites/default/files/2016 - 12/documents/modernizing _ the _ reg _ system _ for _ biotech _ products _ memo _ final.pdf.

② The United States Government, 2016. National Strategy for Modernizing the Regulatory System for Biotechnology. https://www.epa.gov/sites/default/files/2016 - 12/documents/biotech _ national _ strategy _ final.pdf.

③ Office of Science and Technology Policy, 2017. Modernizing the Regulatory System for Biotechnology Products: Final Version of the 2017 Update to the Coordinated Framework for the Regulation of Biotechnology. https://usbiotechnologyregulation.mrp.usda.gov/2017 _ coordinated _ framework _ update.pdf.

④ The United States Government, 2019. Modernizing the Regulatory Framework for Agricultural Biotechnology Products. https://www.govinfo.gov/content/pkg/FR - 2019 - 06 - 14/pdf/2019 - 12802.pdf.

⑤ USDA, 2020. Movement of Certain Genetically Engineered Organisms. https://www.aphis.usda.gov/biotechnology/340 - secure - rule.pdf.

（二）欧洲地区

欧洲高度关注生物育种战略布局。欧盟层面，将生物育种纳入欧洲框架计划，旨在通过育种科技创新减少化肥和农药的使用，降低碳排放和缓解气候变化带来的挑战，实现欧盟绿色发展目标。为了确保生物育种中最重要的种质资源供应，2021年，欧盟委员会发布《欧洲遗传资源战略》[①]，旨在加强对遗传资源的保护和可持续利用。国家层面，欧洲主要国家也出台了生物育种相关战略。例如英国将先进育种技术开发作为国家战略。2021年英国国家科研与创新署发布《英国植物科学研究战略：未来十年的绿色路线图》[②]，将"通过部署先进的植物育种和作物管理策略，建立能够可持续生产出安全及营养食品的弹性农业系统"作为英国植物科学的5个战略目标之一。

欧盟及欧洲各国投入巨资支持生物育种创新研究，尤其是新兴育种技术的开发。"地平线2020"计划（2014—2020年）期间，欧盟投入1.89亿欧元开展遗传资源保护利用以及动植物育种研究[③]，研究重点包括利用基因组选择和基因编辑等新技术进行畜禽育种、有机育种体系开发、气候适应型孤儿作物培育等。作为欧洲最具代表性的农业创新国家，荷兰大力推动人工智能育种等新型育种技术的发

① GenRes Bridge，2021. Launch of the Genetic Resources Strategies for Europe. https://www.genresbridge.eu/genetic-resources-strategy-for-europe/.

② UK Research and Innovation，2021. Ten-year roadmap to guide UK plant science. https://www.ukri.org/news/ten-year-roadmap-to-guide-uk-plant-science/.

③ European Commission，2023. GENETIC RESOURCES AND BREEDING. https://agriculture.ec.europa.eu/system/files/2023-05/factsheet-agriresearch-genetic-resources-and-breeding_en.pdf.

展以促进农业系统转型。荷兰 2019 年发布了《2030 年国家农业新愿景》，计划通过植物育种技术尤其是新兴植物育种技术提高植物的自然防御能力以减少对农药的依赖；并于 2021 年宣布投入5 000 万欧元启动人工智能育种计划 Plant - XR，计划在未来十年内利用人工智能和计算机模型开发新的气候适应性作物①；2022 年宣布未来十年投资4 200万欧元以加快耐逆新作物品种培育②。英国作为欧洲地区基础研究创新的领导者，高度关注育种领域突破性技术的开发。2019 年，英国国家科研与创新署宣布投资 7 900 万英镑③，加强英国与全球前沿技术领先国家在先进作物育种等 3 个领域的合作研究，其中包括重点支持英美两国在作物基因编辑育种领域展开突破性技术的研究。

欧洲新生物技术监管博弈正在进行，英国率先改革技术监管法规。欧洲法院在 2018 年裁定基因编辑技术应受到转基因指令的监管，引发了欧盟各界广泛争议。欧盟委员会首席科学顾问小组、科学界和部分国家政府官员多次呼吁修改现行监管法规。2021 年，应欧盟理事会要求，欧盟委员会发布了《就欧洲法院 C - 528/16 号裁决研究欧

---

① The Dutch Research Council , 2020. Plant - XR - A new generation of intelligent breeding tools for extra resilient crops. https://www.nwo.nl/en/researchprogrammes/knowledge - and - innovation - covenant/long - term - programmes - kic - 2020 - 2023/plant - xr.

② Wageningen University and Research, 2022. Dutch cabinet invests 42 million in CROP - XR institute for faster development of resilient agricultural crops. https://www.wur.nl/en/news - wur/Show/Dutch - cabinet - invests - 42 - million - in - CROP - XR - institute - for - faster - development - of - resilient - agricultural - crops.htm.

③ UK Research and Innovation, 2019. UK at forefront of global R&D collaboration with £79 million investment. https://webarchive.nationalarchives.gov.uk/ukgwa/20200302114339/https://bbsrc.ukri.org/news/food - security/2019/190122 - pr - uk - at - forefront - of - global - r - d - collaboration - with - 79m - investment/.

盟法规下新基因组技术的状态》研究报告[①]，认为基因编辑技术有助于实现《欧洲绿色协议》的可持续发展目标，且大部分基因编辑植物与常规育种植物风险相似，建议对基因编辑植物产品采取更有针对性的监管举措。欧洲委员会在2023年6月可能决定是否放松对基因编辑技术的监管。英国在脱欧后，就开始积极推动基因编辑技术监管相关改革。2021年批准欧洲首个CRISPR技术培育小麦的田间试验。2023年3月23日，英国政府正式颁布《基因技术（精准育种）法案》[②]，将利用精准育种技术培育的动植物从适用于转基因监管要求中删除，并将为利用精准育种技术培育的动植物生产的食品和饲料产品建立一个新的科学授权程序。

（三）中国

顶层设计现代种业政策体系，营造种业良好创新环境。2011年以来，中国先后发布了《国务院关于加快推进现代农作物种业发展的意见》[③]《全国现代农作物种业发展规划（2012—2020年）》[④]及《国务院办公厅关于深化种业体制改革提高创新能力的

---

① European Commission，2021. Biotechnologies：Commission seeks open debate on New Genomic Techniques as study shows potential for sustainable agriculture and need for new policy. https：//ec. europa. eu/commission/presscorner/detail/en/ip _ 21 _ 1985.

② The UK Government，2023. Genetic Technology Act key tool for UK food security. https：//www. gov. uk/government/news/genetic - technology - act - key - tool - for - uk - food - security #：～：text = The% 20Genetic% 20Technology% 20 （Precision% 20Breeding) %20Act%20covers%20precision%2Dbred，traditional%20breeding%20or%20occur%20naturally.

③ 国务院办公厅，2011. 国务院关于加快推进现代农作物种业发展的意见. https：//www. gov. cn/zwgk/2011 - 04/18/content _ 1846364. htm.

④ 国务院办公厅，2012. 国务院办公厅关于印发全国现代农作物种业发展规划（2012—2020年）的通知. https：//www. gov. cn/gongbao/content/2013/content _ 2307051. htm.

意见》[1]，对推进科企合作、加快商业化育种进行了安排部署。2021年，中国密集出台支持种业发展的相关政策，包括中央1号文件提出"打好种业翻身仗"，通过对《中华人民共和国种子法》的修订，出台《种业振兴行动方案》并将种源安全提升到关系国家安全的战略高度等。以国务院出台的上述3个种业工作文件、修订的《中华人民共和国种子法》为主要标志，中国构建了现代种业的顶层设计，形成了种业发展的"四梁八柱"。经过多年发展，中国种业支持政策体系不断完善，法律法规制度体系更加健全，行政管理体系和部门协调机制有效确立，为现代种业发展创造了良好环境。

重视种业科技支撑作用，持续加强生物育种研发投入。近年来，中国重视核心种源繁殖基地建设，已经形成了海南、甘肃、四川三大国家级基地，下一步将继续提升基地建设水平，高质量打造国家南繁等种业基地，为农作物育种提供基础保障。同时，国家级种质资源库建设取得重要进展，国家海洋渔业生物种质资源库已正式投入运行，国家农作物种质资源库已完成建设并投入试运行，国家畜禽种质资源库已批准立项。中国高度重视生物种业前沿科技发展，《中华人民共和国国民经济和社会发展第十四个五年规划和2035年远景目标纲要》[2]将生物育种列入需要强化国家战略科技力量的八大前沿领域，加强原创性引领性科技攻关，力保种源安全。

生物育种监管政策逐步完善，产业化发展正稳步推进。中国正在有序推进转基因作物商业化应用。2020年，农业农村部科技教育司发布2019年农业转基因生物安全证书批准清单，批准192个转基因

---

① 国务院办公厅，2013. 国务院办公厅关于深化种业体制改革提高创新能力的意见. https://www.gov.cn/gongbao/content/2014/content_2561291.htm.

② 中国政府网，2021. 中华人民共和国国民经济和社会发展第十四个五年规划和2035年远景目标纲要. https://www.gov.cn/xinwen/2021-03/13/content_5592681.htm.

植物品种安全证书，其中包括两种转基因玉米和一种转基因大豆①。同时中国针对已获得生产应用安全证书的耐除草剂转基因大豆和抗虫耐除草剂转基因玉米开展了产业化试点，标志着中国转基因大豆、转基因玉米的产业化试种迈开历史性的一步。中国开始启动基因编辑植物监管法规的制定。2022 年 1 月，农业农村部印发的《农业用基因编辑植物安全评价指南（试行）》草案为基因编辑植物的批准与推广提供了依据②。根据该草案，基因编辑植物完成试点实验后即可申请生产证书，无须申请冗长的田间试验。2023 年 4 月 28 日，农业农村部发布《2023 年农业用基因编辑生物安全证书（生产应用）批准清单》，下发全国首个植物基因编辑安全证书③。

二、主要国家资金投入分析

（一）政府资金投入

1. 科学基金资助

选取中国国家自然科学基金委员会（NSFC）和美国国家科学基金会（NSF）作为对标机构进行育种项目对比分析。

2011—2020 年，NSFC 共资助农业育种类项目 6 459 项，金额共计为 35.89 亿元，平均资助额度为 56 万元/项。NSFC 资助的作物育种类项目明显多于畜禽，但单项的平均资助额度基本相当。在作物中，NSFC 资助的水稻育种项目数量和金额均显著高于其他作物品种，分别为 1 658 项和 10.12 亿元，平均资助额度为 61 万元/项；在

① 农业农村部，2019. 2019 年农业转基因生物安全证书（生产应用）批准清单. https://www.moa.gov.cn/ztzl/zjyqwgz/spxx/201912/P020200121588032501444.pdf.

② 农业农村部，2022. 农业用基因编辑植物安全评价指南（试行）. https://www.moa.gov.cn/ztzl/zjyqwgz/sbzn/202201/P020220124647592197651.pdf.

③ 农业农村部，2023. 2023 年农业转基因生物安全证书批准清单. https://www.moa.gov.cn/ztzl/zjyqwgz/spxx/202304/t20230428_6426465.htm.

畜禽中，NSFC 资助的猪育种项目数量和金额均高于其他畜禽品种，分别为 613 项和 3.38 亿元，平均资助额度为 55 万元/项。

2011—2020 年，NSF 共资助农业育种类项目 391 项，金额共计为 45.92 亿元，平均资助额度为 1 174 万元/项。NSF 资助的作物育种类项目数量同样显著多于畜禽，但畜禽育种类项目的平均资助额度明显高于作物。

从 NSFC 和 NSF 资助项目的对比情况来看，NSFC 资助的项目总数多于 NSF（NSF 使命是通过资助基础研究促进美国科学的发展，在育种方面仅资助动植物科学基础研究、工程和教育，美国育种研究主要是由美国农业部和私营企业主导），但 NSF 的总资助额度和平均资助额度均高于 NSFC。以玉米为例，2011—2020 年，NSFC 共资助了 648 项玉米育种项目，资助金额合计为 4.30 亿元，平均资助额度为 66 万元/项，平均实施周期为 3.5 年，项目主持单位主要为国内科研院所和高校；同期内，NSF 共资助了 180 项玉米育种项目，资助金额合计为 22.67 亿元，平均资助额高达 1 259 万元/项，平均实施周期为 4.9 年，项目主持单位主要为美国国内各大高校和植物科学研究所或研究中心，其余为 NSF 的博士后基金项目（表 5-1）。

表 5-1 2011—2020 年中国 NSFC 和美国 NSF 育种资助项目对比

资助机构	单位	主粮		饲料粮		蔬菜		畜禽			
		水稻	小麦	玉米	大豆	总体	番茄	猪	牛	羊	鸡
NSFC	数量（项）	1 658	666	648	398	1 180	355	613	326	333	282
NSF		82	47	180	37	36	—	1	3	2	3
NSFC	金额（亿元）	10.12	4.00	4.30	2.06	5.85	1.77	3.38	1.46	1.54	1.41
NSF		8.36	4.42	22.67	3.67	4.62	—	0.62	0.85	0.65	0.06
NSFC	平均（万元/项）	61	60	66	52	50	50	55	45	46	50
NSF		1 020	940	1 259	992	1 283	—	6 200	2 833	3 250	200

2. 重大计划资金

（1）中国。选取中国国家重点研发计划“七大农作物育种”重点专项中的小麦育种专项与英国“未来小麦设计项目”进行对标分析。

“十三五”时期，中国重点研发计划小麦专项共投入 2.34 亿元，资助了 7 项小麦育种专项，平均实施周期为 4～5 年，平均资助额度为 3 336 万元/项，单项年度平均资助额度为 667 万元/项。

（2）英国。英国“未来小麦设计项目”的实施周期为 15 年，共投入 1.29 亿元资助了 4 项专项，平均资助额度为 3 227 万元/项，单项年度平均资助额度为 215 万元/项。

从中国和英国小麦育种专项资助情况对比来看，中国小麦育种研发项目的资金投入量并不低（表 5 - 2）。

表 5 - 2　中国和英国生物种业重大专项资助情况对比

国家	项目	整体		小麦		
		数量（项）	金额（亿元）	数量（项）	金额（亿元）	实施周期（年）
中国	七大农作物育种项目	51	22.69	7	2.34	4～5
英国	未来小麦设计项目	—	—	4	1.29	15

（3）日本。战略创新创造计划（SIP）是日本内阁启动的主要科技促进计划之一，每 5 年一轮，针对若干遴选出的研究主题进行资助。目前已经出台了三期规划，生物育种均被纳入其中，但主要研究方向有所变化。

SIP 计划第一阶段（2014—2018 年）将创造下一代农林水产技术纳入研究主题，向新育种体系研究方向投入超过 90 亿日元①。SIP

① 内阁府，2018. 戦略的イノベーション創造プログラム（SIP）次世代農林水産業創造技術（アグリイノベーション創出）研究開発計画 . https://www8. cao. go. jp/cstp/gaiyo/sip/keikaku/9 _ nougyou. pdf.

计划第二阶段（2018—2021 年）[①]，将智能生物产业/农业基础设施技术纳入研究主题，向“数据驱动型育种”方向投入超过 11 亿日元。SIP 计划第三阶段（2023 年开始）将构建提供丰富食物的可持续食物链纳入研究主题，重点支持大豆育种等研究。

（二）企业研发投入

育种是一项高投入、周期长的工作。跨国公司非常重视育种创新，相关研发投入强度持续保持在 10%以上。2018 年，拜耳、科迪华的种子研发投入依次为 13.04 亿美元、9.42 亿美元，分列全球前二位，研发投入占各企业种子销售额的比例依次为 12.6%、12.0%。

前十位企业中，先正达以 5.56 亿美元排在全球第三位，研发投入占销售额的比例为 18.5%。隆平高科年销售额为 0.68 亿美元，研发投入占销售额的比例为 10.0%，与拜耳的研发投入占比基本相当，但其研发投入仅占拜耳研发投入资金总额的 5.2%（表 5 - 3）。

表 5 - 3　2018 年全球前十位种子企业的研发投入

排名	企业	国家	研发投入（百万美元）	研发投入占销售额比例（%）
1	拜耳	德国	1 304	12.6
2	科迪华	美国	942	12.0
3	先正达	中国	556	18.5
4	巴斯夫	德国	441	28.7
5	利马格兰	法国	242	16.2
6	科沃施	德国	238	18.5
7	AgReliant 遗传学	美国	106	16.2

① 内阁府，2022. 戦略的イノベーション創造プログラム（SIP）「スマートバイオ産業・農業基盤技術」研究開発計画 . https://www8.cao.go.jp/cstp/gaiyo/sip/sip2nd_list.html.

（续）

排名	企业	国家	研发投入（百万美元）	研发投入占销售额比例（%）
8	隆平高科	中国	68	10.0
9	坂田种苗	日本	52	11.1
10	丹农	丹麦	29	4.1

数据来源：IHS Markit Agribusiness Consulting，2019。

三、中国生物种业创新发展现状与挑战

（一）中国生物种业创新发展现状

1. 生物种业举措与成就

（1）启动实施一批重大项目，推动中国生物种业迈上新台阶。“十三五”期间，中国先后启动了多项育种相关重大项目，如科技部实施启动的国家重点研发计划“七大农作物育种”重点专项，农业农村部的“转基因生物新品种培育重大专项”，中国科学院的战略性先导科技专项（A类）“分子模块设计育种创新体系”“种子精准设计与创造”等，显著推动了中国育种领域的发展。例如，通过“七大农作物育种”重点专项的实施，七大农作物综合增产贡献率达到54.8%，综合育种效率提升水平达到51.1%。同时，中国育种科研产出迅猛发展，论文和专利产出已经位居全球前列。2015—2021年，生物种业年度论文数量从2 551篇增长至4 771篇，增长了87%，专利数量从536件增长至1 569件，增长了192%。

（2）主要作物基础研究取得长足发展，尤其是基因组学、基因功能解析等领域跻身于国际领先行列。以生物组学为牵引，中国在深度解析基因组结构变异、基因组演变规律、关键农艺性状基因克隆和机理解析等领域取得突破。水稻功能基因组研究继续引领国际前沿，小

麦、玉米、棉花等作物功能基因组学跻身世界先进行列。克隆了一批产量、品质、抗生物和非生物胁迫基因等重要性状的关键基因，如水稻自私基因位点、小麦太谷核不育基因等原创性重大基因。

（3）关键育种技术研发与应用取得明显突破，有力支撑中国生物种业自主创新能力。中国建立了系列具有代表性的杂种优势利用育种体系，包括玉米单倍体育种、油菜双单倍体诱导、种间杂种优势利用等。在世界上率先实现对水稻、小麦、玉米、大麦等农作物重要农艺性状的基因编辑，首次建立植物CRISPR/Cas9基因编辑技术体系，实现了四倍体水稻的快速定向驯化和番茄的从头驯化，为中国未来新作物的创制奠定良好基础。水稻重要农艺性状的分子模块理论及其育种应用走在国际前沿，成功培育出高产、优质、高抗的中科发系列和嘉优中科系列等新品种，为水稻和其他农作物的精准高效分子设计育种起到了示范与引领作用。

2. 主要物种育种科技水平

（1）水稻和小麦等口粮供应有保障，育种科技水平在水稻方面表现出色，在小麦方面有待提高。从供给情况看，2017—2021年中国水稻和小麦平均自给率超100%，供给总体安全。从单产水平看，中国水稻和小麦平均单产均高于全球平均值，分别为全球平均值的150%和160%。从育种科技水平看，水稻方面已经达到国际领先水平，核心论文数量和核心专利数量均居全球首位；小麦方面达国际并跑水平，核心论文数量居全球该领域第二位，但核心专利数量仅为全球该领域核心专利数量的4%左右，质量与影响力还有待进一步提升。

从创新主体看，在水稻育种领域，国外优势机构主要有日本国家农业和食品研究组织、国际水稻研究所、拜耳，前两家机构论文数量和核心论文数量均进入全球该领域前十名，拜耳核心专利数量居全球该领域首位。中国优势机构包括中国科学院、华中农业大学、浙江大学、南京农业大学、华南农业大学等，其中中国科学院表现突出，核心论文、核心专利数量分列全球该领域第一位、第二位。在小麦育种领域，美国农业部、澳大利亚联邦科学与工业研究组织核心论文数量排名居全球该领域核心论文数量前两位；科迪华、拜耳核心专利数量排名居全球该领域前两位，合计占比超44%。中国优势机构主要有中国农业科学院、中国科学院、西北农林科技大学、四川农业大学等，中国农业科学院、中国科学院核心论文数量排名居全球该领域前十位，但中国无机构进入该领域核心专利数量前十名行列。

（2）玉米、大豆等饲料粮供需缺口不断扩大，育种科技水平处于跟跑阶段，差距显著。从供给情况看，2017—2021年中国玉米、大豆平均自给率分别为96%、15%，大豆对外依存度极高，进口量长期保持在8 000万t以上。从单产水平看，中国玉米、大豆单产是美国等主产国的59%、58%，仍有较大的提升空间。从育种科技水平看，中国玉米、大豆处于跟跑阶段，领域内核心论文数量仅分别为美国的19%、34%，核心专利数量均不足美国1%，差距显著。

从创新主体看，在玉米育种领域，美国农业部、康奈尔大学、爱荷华州立大学和法国国家农业食品与环境研究院等国外机构在基础研究方面具有优势；拜耳、科迪华等企业技术研发能力突出，合计掌握全球82%的核心专利。国内方面，中国农业大学、中国农业科学院、四川农业大学有较高的论文和专利产出，但仅中国农业大学进入核心论文前十名行列；先正达、大北农、中国农业大学3家机构入选核心专利前十名行列，但合计核心专利仅占全球5%。在大豆育种领域，国外机构以美国农业部、密苏里大学、伊利诺伊大学以及日本国家农业和食品研究组织等公共研发机构为主，技术研发以拜耳、科迪华、美国斯泰种业公司、美国MS技术公司等企业为主，拜耳、科迪华合计掌握全球近76%的核心专利。国内方面，中国科学院、中国农业科学院进入核心论文前十名行列；仅先正达进入核心专利前十名行

列，核心专利数量占全球4%。

（3）大部分畜禽生产基本自足，育种科技水平远低于美国等主要国家。从供给情况看，2017—2021年中国猪肉、牛肉、羊肉、鸡肉的平均自给率分别为95%、80%、94%、99%，除牛肉外其他品种基本自足。从生产水平看，畜禽总体生产水平偏低，尤其是肉牛和奶牛。2020年，中国猪、肉牛、羊、鸡胴体重分别为全球平均水平的81%、65%、104%、85%，奶牛产奶量约为全球平均水平的65%。从育种科技水平看，猪、牛、羊、鸡相关核心论文数量分别为美国的29%、15%、43%、19%，科研质量与影响力仍有待进一步提高。从种源看，中国曾祖代种猪和白羽肉鸡祖代种鸡等主流畜禽品种核心种源依赖进口，缺乏专用型肉牛和奶牛品种。

从创新主体看，中国在畜禽育种领域创新主体核心竞争力薄弱。在猪育种领域，美国和法国机构竞争力较强，主要有法国国家农业食品与环境研究院和美国农业部、爱荷华州立大学、生物技术研发公司等。中国优势机构有华中农业大学、中国农业科学院、中国农业大学、华南农业大学、中国科学院等，其中中国科学院在该领域的核心论文数量进入世界前十名行列。在牛育种领域，美国农业部、法国国家农业食品与环境研究院、加拿大萨斯喀彻温大学、美国威斯康星大学、美国嘉吉公司等机构核心论文或核心专利数量居全球前列。中国西北农林科技大学、中国农业科学院等机构论文产出接近美国机构，但质量存在显著差异。在羊育种领域，法国国家农业食品与环境研究院、澳大利亚联邦科学与工业研究组织、英国爱丁堡大学等表现较为出色。中国优势机构有西北农林科技大学、中国农业科学院、中国农业大学、甘肃农业大学，仅西北农林科技大学、中国农业科学院核心论文数量进入全球前十名行列。在鸡育种领域，美国农业部、法国国家农业食品与环境研究院、荷兰瓦赫宁根大学及研究中心核心论文数量排名全球前三位。中国包括中国农业大学、中国农业科学院等在内的多家机构占据全球论文数量或专利数量前十名榜单，但仅中国农业大学进入核心论文前十名行列。

（4）蔬菜生产水平较高，但育种科技水平与发达国家存在较大差距。从供给情况看，2021 年中国蔬菜产量居全球首位，约占全球总产量 52%。2017—2021 年，中国蔬菜平均自给率超 100%，是蔬菜出口大国，年度净出口量约 900 万 t，约占全球出口贸易总量 15%。从生产水平看，2017—2021 年中国蔬菜平均单产水平为全球平均水平 130%。但从育种科技水平看，中国蔬菜核心论文数量、核心专利数量分别仅为美国 33%、5%，差距较大。从种源供给看，中国胡萝卜、菠菜、洋葱、高端番茄品种、甜菜等种子进口依赖度超 90%。

从创新主体看，美国康奈尔大学、法国国家农业食品与环境研究院、美国农业部核心论文数量排名居全球前三位，拜耳、荷兰瑞克斯旺、巴斯夫核心专利数量排名居全球前三位，其中拜耳掌握全球 36%的核心专利。国内主要研究机构有中国农业科学院、南京农业大学等，先正达进入核心专利前十名行列，掌握全球 5%的核心专利。

3. 生物种业发展机遇

（1）生物育种产业前景广阔。美国 Coherent Market Insights 公司的数据表明[①]，2018 年全球转基因作物市场规模为 181.5 亿美元，预计到 2027 年市场规模将达到 374.6 亿美元，年复合增长率为 8.7%。麦肯锡公司预测分子标记辅助选择育种技术可以在未来 10～20 年内普及，通过改善农艺性状每年可降低约 3 000 亿美元的直接经济成本；基因工程动植物生产系统在未来 10～20 年可以通过降低死

① Coherent Market Insights，2020. Genetically Modified Crops Market To Surpass US$ 37.46 Billion By 2027. https://www.coherentmarketinsights.com/press-release/genetically-modified-crops-market-2825.

亡率、提高生产力、改善口感和提高营养含量的方式，每年产生1 300亿～3 500亿美元的直接经济影响①。中国是仅次于美国的第二大种子市场，未来极具发展前景。

（2）新兴技术将引领种业实现跨越式发展。世界知名咨询公司麦肯锡发布的报告《生物革命创新——改变经济、社会和生活》指出②，计算机、数据分析、机器学习、人工智能和生物工程的发展促进了生物科学的进步，并加速了生物创新浪潮。日本经济产业省生物小组委员会的报告指出③，生物技术与信息技术/人工智能（IT/AI）技术的紧密结合将引发第五次工业革命。当前，数字技术、生物技术和传感器技术的发展与结合，推动生物种业从分子育种3.0时代进入智能育种4.0时代，将对世界农业发展格局产生深刻影响。如果中国能够抓住机遇、加快创新，将有望实现种业的跨越式发展，必将大幅提高种业生产效率。

（3）国内种子企业正不断发展壮大。为了提高中国种业的竞争力，国家频繁出台政策鼓励种业企业兼并重组，培育具有国际竞争力的种业龙头。其中，中国化工集团有限公司斥资约430亿美元收购先正达，并通过一系列资产重组，最终打造出一艘“国家队”种业航母，对于中国在全球种业的布局发展具有战略意义。目前，先正达在全球种子行业市场占有率排名第三，仅次于拜耳、科迪华。中国还有隆平高科、北大荒垦丰种业进入全球种业20强（销售额）。同时，农业农村部加紧推出种业企业做大做强的举措，初步梳理出70家企业

---

① Mckinsey, 2020. The Bio Revolution: Innovations transforming economies, societies, and our lives. https://www.mckinsey.com/industries/pharmaceuticals-and-medical-products/our-insights/the-bio-revolution-innovations-transforming-economies-societies-and-our-lives.

② 同①.

③ 日本经济产业省，2021. バイオテクノロジーが拓く『第五次産業革命. https://www.meti.go.jp/press/2020/02/20210202001/20210202001.html.

组成三大种业企业阵形，采取有针对性的政治措施，予以精准扶持，加快培育航母型领军企业、隐形冠军企业、专业化平台企业。

（二）中国生物种业面临的挑战与问题

1. 生物种业总体研发水平落后于部分发达国家

从研究规模和研究质量两个指标来看，美国是种业基础研究的引领者；中国在生物育种领域研究十分活跃，论文数量跃居全球首位，超过美国，但研究质量与美国等发达国家仍有较大差距，还处于追赶阶段。日本、德国、英国、加拿大、法国等国家发文总量不大但影响力均强于中国。从专利规模和质量两个维度来看，美国属于典型的技术领导者，拥有较强的技术研发能力；中国则属于技术活跃者，在专利数量上占据优势，仅次于美国，但专利质量整体不高，是技术追随者；韩国、瑞士、加拿大、日本、荷兰、法国、德国等国家尽管专利申请量不多，但专利质量普遍较高，均优于中国。

2. 生物种业技术核心竞争力不足

科技部第六次国家技术预测专家判断结果表明，中国生物技术各子领域技术水平与领先国家差距大部分为 8 年左右，其中生物农业领域与领先国家差距 5.61 年。中国在基因编辑、合成生物学、全基因组选择、分子设计和人工智能育种等新兴交叉领域技术研发方面短板明显，包括原始创新能力不足，缺少重大突破性的理论和方法，关键技术被国外掌控，突破性产品研发水平相对较低。

（1）生物育种基础研究缺少引领性源头创新，技术布局有待进一步优化。生物种业创新高度依赖优异基因挖掘和育种技术创新。中国在优异基因挖掘方面落后于发达国家，缺少自主发现的具有重大产业价值的关键基因，通过表型与基因型精准鉴定、应用于育种创新的农业种质资源不到 10%，复杂性状分子调控机理尚未取得突破。中国育种技术理论创新极少，全球大部分育种底层技术原创性论文主要来

自美国，占比高达 62%，其次为日本、比利时，占比分别为 12%、8%。同时，中国重要育种技术研究布局也落后于美国。截至 2021 年，中国基因编辑育种、基因组选择育种、设计育种等重要育种技术论文占本国全部育种技术论文比例为 18%，而美国高达 34%，尤其是基因组选择育种、设计育种技术论文占比分别仅为 2%、5%，远落后于美国（均为 13%）。

（2）生物育种核心竞争力远远落后于美国，关键技术核心专利被国外掌控。中国生物育种核心竞争力较弱，仅持有全球 7%的核心专利，而美国占比高达 80%。从专利布局看，欧美发达国家等已掌握基因编辑等生物育种底层技术的核心专利，中国仅有少量核心专利布局在底层技术应用研发方面，育种技术研发难以绕开国外核心专利，产品产业化将面临知识产权方面制约。

（3）缺乏具有重大应用前景的突破性新品种。中国农作物自主选育品种面积占比超 95%，但产品同质化现象严重，缺少能大面积推广的优势品种。2020 年，中国推广面积超 1 000 万亩的农作物品种仅 9 个，主要农作物排名前十位的品种合计推广面积不超过总推广面积的 32%。此外，中国目前尚无基因编辑等新型育种技术产品上市，而美国和日本共有 5 个基因编辑产品上市。据欧盟委员会新基因技术数据平台预测，未来 5～10 年全球将有 150 余个基因编辑产品投放市场，其中中国可上市产品数量不及美国 16%。

3. 生物育种产业竞争力有待提高，企业尚未成为创新主体

（1）生物种业市场大而不强，市场集中度较低。中国生物种业具备一定竞争力。“十三五”期间，中国年均种子产值 1 200 亿元，是全球第二大种子市场，先正达、隆平高科入选全球营收前十名种企榜单。但与发达国家相比，中国产业竞争力仍存在较大差距。首先，中国农作物种子进出口贸易长期处于逆差地位，2020 年逆差额为 4.93 万 t，优质饲草种子仍需大量进口。其次，中国育种企业小而多，市

场竞争力和集中度较低。2020年，除去收购的先正达，中国生物种业公司实现销售收入777亿元，其中销售收入超20亿元的企业仅1家，这些本土企业收入总额不及科迪华一家公司收入（142亿美元）。本土销售收入前十位的企业占中国市场份额不到15%，而拜耳、科迪华两家种业巨头全球市场份额合计超45%。

（2）企业尚未发挥创新主体作用，研发投入少，核心竞争力较弱。截至2020年底，全国有6 000多家种子企业注册，但有能力从事科研的企业不足100家。中国动物种业企业超过万家，但没有一家能与Genus、Hendrix、EW、Grimaud、PIC、海波尔、托佩克、丹育、加裕、科宝等国际动物种业巨头匹敌。中国企业研发投入较低。农作物育种方面，2020年中国研发投入56亿元，占销售额7%。而拜耳同期研发投入超90亿元，占销售额比例超10%，可见中国本土企业总体研发投入不及国际单家种业巨头。动物育种方面，国际企业通常投入超10%的营业收入进行品种研发，如Hendrix公司的年度研发投入约5 000万美元，EW、Grimaud等企业的年度研发经费超过5 000万美元。中国企业研发投入远远不足，例如2020年中国正奥集团种猪收入约1.1亿元，即使投入10%的营收进行研发，也才1 100万元。由于投入不足，且缺乏人才，企业尚未成为中国生物育种创新主体，仅掌握中国36%的核心专利。其中领军企业先正达、隆平高科共掌握全球3.6%的专利、4.0%的核心专利，而欧美巨头拜耳、科迪华共掌握全球28%的专利、69%的核心专利。

4. 部分动植物种源仍存在“卡脖子”问题

中国是世界第二大种子市场，仅次于美国。总体来看，中国仍是种子贸易逆差国，2019年差额为2.35亿美元。大田作物种子、花卉种子和蔬菜种子的进口量分别排在全球同类作物种子进口量的第十七位、第十一位和第二位。中国水稻和小麦种子完全自给，玉米和大豆种子基本自足。中国每年蔬菜种子使用量约为10万t，虽然国内蔬菜

品种有所改进，但仍不能满足市场多样化的需求，进口蔬菜种子约占所有蔬菜种子的15%。其中，中高端蔬菜，特别是一些“茬口”菜（即长季节栽培，如甜椒、番茄、茄子）、特色菜（如绿菜花、胡萝卜、菠菜），仍存在种子对外依存度偏高的“卡脖子”问题，80%～90%的种源是国外品种。此外，中国草籽种子缺口较大，中国年产草籽约为9万t，但远不能满足消费需求。2020年中国仅苜蓿、三叶草、黑麦草三类草籽种子的进口量就高达4.3万t。在畜禽方面，中国主要畜禽祖代仍需从国外引种。其中，中国生猪养殖环节超97%猪种为“杜长大”的国外猪种，70%的白羽肉鸡祖代种源依赖进口，中国还缺乏专用型肉牛和奶牛品种。此外，纯系种源在使用2～3年后繁殖性状会退化，养殖企业需要再次从国外引种，以国外优秀品种为基础的国产化核心种源培育虽然可行，但在观念更新和育种投入上需要加强。

（三）中国生物种业发展对策与建议

1. 持续开展前育种基础研究，增强生物种业创新源头供给能力

未来，中国仍需大力开展种质资源研究与创新，优先支持大豆、玉米等饲料粮作物，考虑进一步支持更为广泛的作物研究如饲草作物、特色作物等，以适应中国膳食结构升级以及国民需求多样化的转变。同时，加强中国特有原始资源的基因组、表型组分析，持续开展优异性状基因挖掘与解析，构建主要作物育种核心资源数据库，尽快推进国家作物表型组学重大基础研究设施等育种加速器的建设，抢占种业发展的制高点，实现中国种业科技自主自强、种源自主可控。

2. 加强生物种业底层关键核心技术攻关，重视知识产权保护

目前，中国仍缺少具有广泛应用前景、自主知识产权的基因编辑等相关核心育种技术，部分高端蔬菜品种和部分畜禽祖代种源整体进

口依赖度较高，技术产业化将受到制约。中国应抓紧开展种业“卡脖子”研究和联合攻关，建立安全可控的生物数据平台、仪器设备保障体系，加强在原创育种技术理论、前沿计算育种等方面的前瞻布局，推进大数据、人工智能等前沿技术在育种中的应用。应充分做好育种技术国际专利战略和布局，寻找专利壁垒的空白点和突破点，通过核心技术的专利许可、转让等方式，推动中国相关产业化发展。

3. 加快打造生物育种目标导向的国家战略科技力量

生物育种是一个长周期、长链条的科技创新过程，需要组织战略科学家对全产业链条进行全局的顶层设计。未来，应培育和建立一支生物育种目标导向的国家战略科技力量，稳定支持一批具有国际视野并能联系中国实际的战略科学家，充分发挥战略科学家才能，并对不同环节进行长期测试和集成，促进中国生物育种科技创新。

4. 加快国家级生物种业创新平台建设

以国家重大需求为导向以及国家重点实验重组为契机，加强顶层设计，引导各创新主体明确自身的定位和优势，如综合性大学和中国科学院等科研机构应瞄准基础研究、农业科研院校侧重技术应用研究、农业企业专注技术创新，建立一批突破型、引领型、平台型一体化的生物种业国家重点实验室，建立分工明确、高效协作与竞争并存的协同创新模式，从根本上避免低水平重复、同质化竞争、碎片化扩张等诸多不利现象，提高中国种业原始创新能力，实现产业的高质量发展。

建立生物育种大数据平台，提高生物育种效率。促进省部两级种业大数据共享，组建全国种业大数据工作队伍，建立种业大数据长效工作机制。帮助国内的育种专家实现作物育种的全流程数字化管理，提高作物的育种信息化水平和育种的效率，构建覆盖作物育种全链条的智能育种公共服务平台。

5. 加速推动企业成为种业创新主体

中国应加快推动种子企业兼并重组，培育航母型领军企业、隐形冠军企业、专业化平台企业，支持企业建立规模化商业化研发平台和创新联合体，推动资源、人才、资本向企业聚集，提升品种研发、产品开发、产业化应用的全链条现代化水平。同时，支持企业在蔬菜等经济园艺作物、畜禽地方品种等细分市场集中攻关，塑造专用品种、专业技术、独特模式等竞争优势，打造一批“独角兽”企业。鼓励中国种子企业加大研发投入，推动企业成为研发主体，全面提升企业自主创新能力。